浙江省社科联社科普及课题（编号：18BF07）

小小理财师

给孩子的财商启蒙读本

沈爱荣 著

浙江工商大学出版社
ZHEJIANG GONGSHANG UNIVERSITY PRESS

·杭州·

图书在版编目（CIP）数据

小小理财师：给孩子的财商启蒙读本 / 沈爱荣著.
— 杭州：浙江工商大学出版社，2019.9
ISBN 978-7-5178-3431-1

Ⅰ．①小… Ⅱ．①沈… Ⅲ．①财务管理－儿童读物
Ⅳ．①TS976.15-49

中国版本图书馆CIP数据核字(2019)第188505号

小小理财师——给孩子的财商启蒙读本
XIAOXIAO LICAISHI——GEI HAIZI DE CAISHANG QIMENG DUBEN
沈爱荣 著

责任编辑	张　玲	
封面设计	林朦朦	
插　　画	田伟彬	
责任印制	包建辉	
出版发行	浙江工商大学出版社	
	（杭州市教工路198号　邮政编码310012）	
	（E-mail：zjgsupress@163.com）	
	（网址：http://www.zjgsupress.com）	
	电话：0571-88904980，88831806（传真）	
排　　版	杭州彩地电脑图文有限公司	
印　　刷	杭州高腾印务有限公司	
开　　本	787mm×960mm　1/16	
印　　张	11.25	
字　　数	127千	
版印次	2019年9月第1版　2019年9月第1次印刷	
书　　号	ISBN 978-7-5178-3431-1	
定　　价	48.00元	

目 录
CONTENTS

引 言
FOREWORD

　　以往人们提到的儿童教育通常是指对儿童生活技能、行为习惯、良好性格的培养，以及知识文化水平的教育，很少涉及儿童的财商教育。对于现代以市场或交换为重要人际互动关系的社会而言，财商的培养无疑逐渐重要起来。FQ（财商）是继 IQ（智商）、EQ（情商）后逐渐兴起的一个新名词，是一个人认识金钱和驾驭金钱的能力及在理财方面的智慧的概括。研究显示，儿童理财观念的关键培养期是在 5～12 岁，在这个阶段，父母要利用生活中的各种机会帮助孩子树立理财观念，逐步让孩子养成良好的消费习惯。在中国，很多孩子到了读大学的时候，才开始拥有自己的银行账户。由于财商教育的滞后和理财知识的匮乏，不少年轻人成为卡奴、房奴、月光族。而在美国，由教育部资助，34 个州的 3000 所中小学校的学生参加了一个"为美国储蓄"的计划；在英国，从 2011 年开始，储蓄和理财成为英国中小学学生的必修课。从国内的现状及与国外比较来看，我国对孩子进行财商教育已刻不容缓，我们应该在生活的点滴中渗入财商的培养，而初始的落脚点就在家庭。那么，作为父母的我们该如何引导孩子学习理财知识，让孩子从小就树立良好的理财观念，掌握科学的理财方式呢？

首先，让孩子知道钱财来之不易。让孩子了解父母工作的辛苦，了解家里的收入支出情况，让孩子适度参与家庭的消费投资决策，增强家庭责任感，同时也让孩子做好自己的未来规划。

其次，帮助孩子学习积累和储蓄。当孩子有了一定数量可自行支配的零花钱时，准备一个储蓄罐，鼓励孩子将一部分零花钱放进储蓄罐，引导孩子用储蓄的钱去做更有意义的事情。在生活中最好给孩子一些实际花钱的机会，同时鼓励孩子记账，培养数字概念。记账对于孩子养成良好的理财习惯很有帮助，记账也能帮助我们了解孩子的消费情况。

再次，让孩子学会合理花钱。孩子能恰当地理财不仅需要坚持财富的积累，还需要养成合理的消费习惯。家长要对孩子日常生活中的一些常见消费行为进行正确引导。有时候孩子想购买的物品的价格和他现有的零钱有很大落差，这时除了让孩子调整目标之外，可以适度"借钱"给孩子，让他有借钱、还钱、付利息的观念。

最后，要在生活中实践，带孩子走进银行、证券所、保险公司。银行储蓄是孩子最早接触的，也是最简单、稳健的一种理财工具。告诉孩子将钱放在银行里可以做什么，让孩子对银行有一个初步的了解。教孩子看懂存折，让他了解账户里的钱愈多，利息就会愈多。股票是风险和收益并存的理财方式，带孩子到证券所开户，进行投资启蒙，培养通过投资、使钱生钱的意识。无论是给孩子买基金或股票，都一定要让孩子参与进来，陪孩子一起关注所投资公司的消息，让他们知道哪些讯息会促使其股价涨或跌，让他们在潜移默化中学会简易的股票投资原则。保险是财富的保障，让孩子了解保险知识，注重风险管理，购买适量保险，以应对一些突发事件对人身、财物的伤害，将风险降到最低程度。

本书结合孩子成长中普遍遇到的零花钱、消费、投资等各种有趣的场景，让孩子在趣味阅读中了解金钱、知道储蓄、合理消费、学会赚钱、懂得投资。书中设置了一些小游戏，在亲子共读时，家长可以带着孩子一起玩，让孩子在玩中学以致用；书中以知识链接的方式讲解不易理解的名词，以拓展阅读的方式延伸理财知识；此外，每章末还设置了财商加油站，帮助孩子进行财商训练，拓展理财思维。

　　现在，就让我们跟着主人公"小小"开启财商启蒙之旅吧。

钱从哪里来

孩子最先遇到的和钱有关的问题，都来自购买东西的欲望。他认为只要想买东西随时可以从父母口袋里掏出钱来，这个时候他还对价格缺乏认知，或者说，孩子并不会思考"所想要的商品"是否值这个价格。对于 5 ～ 12 岁的孩子而言，很难理解价值与成本的概念。因此我们要让孩子了解以下几点：一是让孩子从金钱的数量上感知价格；二是要懂得珍惜，金钱不能随意花费，更不能浪费，这与一个人拥有的金钱数量的多少没有关系，而是一个人应该养成的良好品质；三是让孩子了解金钱是怎么来的。

如果在理财教育过程中，不能让孩子正确了解钱是怎么来的，父母就会成为孩子眼中的提款机：孩子想要得到某个东西，就不会考虑价钱或价格，甚至有些孩子认为，钱就是"自动"在卡里，没钱了就可以到银行用卡提取。因此，父母应该潜移默化地让孩子知道钱是怎么来的，让孩子了解钱是一种工作回报：要获得钱，就要付出精力、时间、体力，做有价值的事情，从而使孩子意识到应该培养自己的能力为将来做准备，进而也理解父母工作的辛苦。

让孩子了解钱从哪儿来是启发孩子财商的开始，也可以对他的人格和品德进行教育。这不仅可以让他树立健康的金钱观，而且还可以让他具备责任感。

在小小刚懂事的时候，爸爸有时出差在外，小小就问妈妈："爸爸干什么去了？"

"爸爸去工作了，去赚钱给宝宝买零食、买玩具。"

"我要爸爸陪我玩。"小小开始哭闹。

妈妈耐心地解释道："爸爸妈妈必须去工作，因为我们日常生活中有很多需要花钱的地方，做饭要用燃气，需要支付燃气费，上洗手间冲厕所要用水，需要支付水费，晚上开灯看书要用电，就要支付电费。"

小小上幼儿园后，妈妈开始让他认识硬币和纸币，让他区别币值的大小，了解钱币之间的兑换关系，告诉小小钱能干什么，还教他学会看商品价格。小小和妈妈经常玩的游戏就是购物游戏，小小可喜欢玩这种游戏了。小小面前摆了一排物品，有文具、零食、玩具，还有10元、5元的纸币和1元、5角、1角的硬币，妈妈面前也摆了一排不同的物品和差不多的零钱，大家都对自己的物品标价，然后用钱购买对方的物品。

"胶水多少钱一瓶？"妈妈先开口。

"2元。"小小回答。

"我买一瓶。"妈妈递上5元钱。

"给你。"小小给了妈妈一瓶胶水和3元钱。

"我要风火轮小跑车，多少钱一个？"轮到小小买了。

"8元。"妈妈回答。

"给你10元。"小小递过来10元钱。

"小跑车拿好，还有找零。"妈妈把跑车和找零一起给小小，还故意找错了钱。

"妈妈，你弄错啦，怎么只给了1元，你应该找我2元才对。"小小大叫。

"妈妈太粗心了，还是我们的小小仔细，否则你就亏了。"

关于这个游戏，一开始玩的时候主要是以元为单位，不涉及角的计算，熟练以后可以在商品的标价上标上角。通过玩这样的游戏，孩子对商品的价格有一个大概的了解，并且学会辨认币值的大小，了解钱币之间的兑换关系，通过付钱找零也锻炼了孩子的口算能力。

对于小小想要的物品，妈妈故意把价格喊高，当小小手中的钞票金额不足时，就让他"出售"自己的物品来换取需要的现金，在这过程中压低其售价直至小小"破产"，然后与他交流"破产"的原因。在小小似懂非懂之时，与他再玩一次这个游戏，通过几次反复，总结经验，即便小小当时不能理解，也会逐渐建立合理消费的意识。克制欲望与适度消费，应该从小培养，即便家财万贯，对孩子这方面的教育也是必需的。

除了玩游戏，妈妈还会带小小去便利店体验一下真实的购物。用真实的货币进行购物，会带给小孩子更直接的交易感，如果以电子支付或移动支付的形式购物，则缺少了直接的交易感。看到爱吃的冰淇淋，小小要吃，妈妈给他10元钱让他自己看好价格去买，算好应该找回的零钱。一开始小小不愿意去，躲在妈妈身后让妈妈买。妈妈就说如果想吃就得自己去买，妈妈是不会代劳的。小小毕竟还是个孩子，抵制不住想吃的诱惑，就自己去买了，拿回了找零的钱。这种看似简单的买东西行为，其实可以让孩子学习如何与别人沟通，也会让孩子对商品的价格有一个大概的了解，还锻炼了孩子的口算能力。

对于那些认为吃零食是一种不良习惯的家长，可以让孩子自己购买喜欢的玩具、书籍等物品。孩子的独立购买行为，不仅让孩子对价格有一个初步的认知，同时也培养了孩子的做事能力和自信心。

认识钱，并知道如何使用，这是最基础的财商教育，让孩子对金钱理解不会产生太大的偏差，以后在碰到涉及金钱方面的教育问题时，就能比较从容应对了。

对于一个工薪家庭而言，父母可以在孩子五六岁时，初步向他介绍家里的日常开销，让孩子了解家庭一个月的收支情况，慢慢建立起他们对家庭财务状况的认知。从银行取出现金可以如实告诉孩子这是整个家庭当月的工资收入。然后开始计算家庭每个月要支付的水、电、燃气费用、家庭的日常开销，以及教育费用、房贷等，把每一笔要支付的钱从收入中拿到另一处，这样可以很直观地让孩子了解家庭一个月的收支情况，最后手上剩下的钱就是每个月的盈余，是可以自由支配的钱。这会给孩子留下很深的印象，让他知道每一分钱都来之不易，每一分钱都要用到恰当的地方，不能随便乱花。随着电子支付的发展，个人消费可以通过网络进行，直观的金钱收支感知必然会降低。为了给孩子有一个直观的感知，可以在某一阶段用传统的方式，直接用纸币来支付各种开支，也许更有利于强化孩子对金钱的感受。

对于金钱支出方式的教育，传统方式也许有其直观的优点。例如，收支表就是财商教育的传统方式。这种方式对于 7 岁左右的孩子而言，相对较为合适。家庭收支表，就是通过制作表格的形式让孩子了解家庭的收支情况，列出各种收入和支出的明细项目和金额，如表 1；也可以让孩子自己把零花钱的收支情况制作成个人收支表，为孩子以后记录、管理零花钱打下良好的基础。

表1 工薪家庭一月日常收支统计表 （单位：元）

名称	收入	支出	结余
工资收入			
房贷			
伙食费			
水费			
电费			
煤气费			
物业费			
电话费			
交通费			
孩子在校伙食费			
孩子的教育费用			
卫生洗涤用品费			
服装费			
合计			

　　对于收入相当可观的富足家庭，也应该让孩子建立起"家庭开销"的概念，不论家中的钱有多少，都不可以随意浪费，不能想买什么就买什么。计划和节制是财商教育的一个重要内容，只有树立这样的观念，才能够更好地支配金钱。

现实生活中经常遇到找零的问题，多参与这种计算，可以让孩子了解数字之间的关系，有助于培养孩子的数学计算分析能力，为理财能力的培养打下良好的基础。

怎样找零？

到了要做作业的时候，明明才发现作业本用完了，于是到商店买练习簿，他带了面值是20元、10元、5元的纸币各1张，5角的硬币一枚。买了语文、数学、英语练习簿各3本，一共9本，每本1.5元钱，应该付款13.5元，明明可能会采取几种付款找零的方式？

答案：
通常可能会采取4种付款找零的方式。

解析：

明明付给收银员 15 元，收银员找零 1.5 元；

明明付给收银员 20 元，收银员找零 6.5 元；

如果明明不想要 5 角的找零，他可以付给收银员 15.5 元，收银员找零 2 元；

他也可以付给收银员 20.5 元，收银员找零 7 元。

零花钱

1 零花钱小故事

洛氏零用钱备忘录

世界上第一个拥有 10 亿美元财富的美国富豪、洛克菲勒公司创始人，尽管富甲天下，但从不在金钱上放任自己的孩子。洛克菲勒认为，富裕家庭的孩子更容易受到物质的诱惑。所以他对子女的要求反而比普通人家更加严格。

洛克菲勒家族中流传着 14 条"洛氏零用钱备忘录"，这是约翰·洛克菲勒三世幼年与父亲约法三章时提出的。父亲在经济上显得非常"吝啬而苛刻"：每周零用钱的起始标准是 1 美元 50 美分，且每个周末要核对账目，每笔支出的用途都要写清楚。领钱时交父亲审查所有记录，只要账目清楚，用途符合规定，下周增发 10 美分，但每周零用钱的最高额度不超过 2 美元；如果记录不符合规定则下周的零用钱要减少 10 美分。在父子的约定中规定将至少 20% 的零用钱用于银行储蓄，为了鼓励孩子储蓄，若存入银行的零花钱超过 20%，对于超出部分，父亲会向账户补加同等数量的存款。

洛克菲勒家族通过这种办法，教孩子从小养成不乱花钱的习惯，学会精打细算、当家理财的本领。家族的后辈成年后都成了企业经营的能手。这种方法实施的难点在于父亲每周要核对审查账目，并做清晰记录，这并不是一般父亲所能够做到的。

当孩子可以自行决定购买一些物品时，家长可以借鉴洛克菲勒家族的做法。在当今工薪家庭中，最大的问题不在于"金钱不足以支撑这样的做法"，而是家长无法或无能力做到以下几点：一是帮助孩子规划一周或一个月哪些物品是孩子自己可以购买的，或者说一段时间内孩子可以支配多少钱去实施购买行为；二是如何教会孩子做账及帮助孩子建立起做账的习惯；三是定期检查或核查孩子的记录。从洛克菲勒家族的做法中，我们可以看到，财商，最初始的起点主要是来自父母的教育。父母的行为或坚持不懈的付出，是培养孩子品行的重要因素。

对孩子的教育过程，也是父母自身的修炼过程。在现代社会，孩子满 12 岁之前，做父母的不仅仅要让孩子吃饱穿暖身体健康，而且还要帮助孩子全面发展。这种全面发展，就需要父母的"全面"付出，让孩子尽早独立，尽早具备自我管理的能力。

拓展阅读：

约翰和父亲的备忘录——零用钱处理细则

1. 从 5 月 1 日起约翰的零用钱起始标准为每周 1 美元 50 美分。

2. 每周末核对账目，如果本周约翰的财务记录让父亲满意，下周的零用钱上浮 10 美分（每周最高零用钱金额不超过 2 美元）。

3. 每周末核对账目，如果本周约翰的财务记录不合规定或无法让父亲满意，下周的零用钱下调 10 美分。

4. 在任何一周，如果没有可记录的收入或支出，下周的零用钱维持本周水平。

5. 每周末核对账目，如果本周约翰的财务记录符合规定，但书写或计算不能令父亲满意，下周的零用钱维持本周水平。

6. 父亲是零用钱额度调节的唯一评判人。

7. 双方同意将至少 20% 的零用钱用于公益事业。

8. 双方同意将至少 20% 的零用钱用于储蓄。

9. 双方同意每项支出都必须清楚、确切地被记录。

10. 双方同意未经父亲、母亲或斯格尔思小姐（家庭教师）同意，约翰不可以购买商品，并向父亲、母亲要钱。

11. 双方同意如果约翰需要购买零用钱使用范围以外的商品，必须征得父亲、母亲或斯格尔思小姐的同意，后者将给予约翰足够的资金。找回的零钱和商品价格标签、找零的收据必须在商品购买的当天晚上交给资金的给予方。

12. 双方同意约翰不向任何家庭教师、父亲的助手和他人要求垫付资金（车费除外）。

13. 对于约翰存进银行账户的零用钱，其超过20%的部分（见细则第8条），父亲将向约翰的银行账户补加同等数量的存款。

14. 以上零用钱公约细则将长期有效，直到签字双方同时决定修改其内容。

让孩子自己挣零花钱

沃尔玛公司曾连续排名财富500强全球第一，每天都源源不断地创造着巨大的财富。拥有这家公司的沃尔顿家族则是世界上最富有的家族，公司董事长山姆·沃尔顿自身的简朴及对子女的勤俭教育则与其所拥有的巨额财富形成了巨大的反差。

与洛克菲勒不同，老沃尔顿不给孩子们零花钱，而是要求孩子们自己挣零花钱。四个孩子帮父亲老沃尔顿干活，他们跪在商店地上擦地板，修补漏雨的房顶，夜间帮助卸车。父亲付给他们的工钱同工人们一样多。罗布森作为沃尔顿家四个孩子的老大，刚成年就考取了驾驶执照，在夜间向各个零售点运送商品。后来，老沃尔顿让孩子们将部分收入变成商店的股份，商店事业兴旺起来以后，孩子们的微薄投资变成了不小的初级资本。大学毕业时，

罗布森已经能用自己挣的钱买一栋房子。同父亲一样，罗布森也是一个非常质朴的人，他深居简出，开老式拖车。罗布森每次去世界各地出差，都坚持订普通的旅馆，他甚至要求与人合住一间房，以便节约成本。正是自小受到的良好财富教育，让他懂得财富的来之不易，也才更懂得珍惜财富。

山姆·沃尔顿的做法对大一点的孩子比较适用，要求他们通过自己的劳动付出来获得报酬。

苦难是最好的学校

李泽钜、李泽楷是含着"金汤匙"出生的，但是拥有巨额财富的李嘉诚毫不娇惯这两个儿子。李嘉诚认为，孩子需要了解外面的世界，知道人世间的艰辛，所以从小就让孩子接受苦难教育，教导他们节俭，并且培养他们的理财意识。他用生活的哲理教导儿子，温室里的幼苗是不能茁壮成长的，他经常带孩子们到外面去体验生活，比如，一同坐电车、坐巴士，到路边报摊看小女孩边卖报纸边温习功课，感受普通人生活的艰辛。李嘉诚认为父母采取的教育方法，对下一代的将来影响很大。李嘉诚每次给孩子们零花钱时，先按10%的比例扣下一部分，名曰所得税。目的是希望孩子在花钱前进行仔细盘算，做一个全盘和长久考虑。

当孩子在外地读书时，李嘉诚给他们开了两个银行账户，其中一个账户上的钱他们绝对不能动用，这是准备给他们完成博士课程的费用。如果要使用另一个账户里的钱，他们必须写信或致电向父亲说明情况，得到父亲的许可后方可使用。

2

需要零花钱了

　　什么时候开始给孩子零花钱，这个因人而异。不过普遍来说，小学一年级左右是开始零花钱教育的最好时期。这个时期的孩子开始朦胧地意识到钱的存在；还有，这个时期的孩子会想要一些东西并开始学会自己做选择。即便他们不知道钱是什么东西，或者没有管理钱的能力，父母到了这个时期，还是要给他们一定数量的零花钱。因为给他们零花钱是为了培养孩子管好、用好零花钱的能力。

　　拥有零花钱的孩子们可以决定怎样去使用零花钱，当然，使用零花钱的结果，也应该是拥有零花钱的所有者来承担。但对于父母而言，如何履行监督检查的责任，是否能每周按时严格履行监督检查责任，才是零花钱教育的关键。

　　石油行业的领军人物、创办了美孚石油公司的约翰·戴维森·洛克

菲勒从小就养成了做记录的习惯，零花钱的收入和支出他都记录得清清楚楚。洛克菲勒成为富翁之后，在给自己孩子零花钱的时候，会叮嘱他们一定要把收入和支出记录得清清楚楚，在第二个星期发零花钱之前要交给家长审查。洛克菲勒给孩子的零花钱是独立的，按时按量支付的，另外还有一部分额外的奖励。这个奖励往往是针对一些相对复杂的事务，而对于孩子们力所能及的诸如整理自己的房间的分内事，向来都不在洛克菲勒的奖励范围内。洛克菲勒主要是试图通过物质的激励，鼓励和引导孩子完成在孩子看来不可能完成的事情，提高孩子思考和独立处理问题的能力。洛克菲勒家族通过这种方法，让自己的孩子从小养成不乱花钱的习惯，学会精打细算、掌握当家理财的本领，这对他们后来运营一个大公司，进行严谨的资金管理有很大的帮助。

为了让小小能管理好自己的零花钱，妈妈决定将小小每个星期的零花钱标准定为 10 元，然后根据实际情况将零花钱发放的频率和标准做适当的调整。如果有自己需要或者喜欢的东西，小小可以用这些钱去买，不过要省着点花，因为要一个星期后他才能有第二个 10 元。周六早上，小小第一次得到他人生可以独立支配的零花钱，心里盘算着该怎样花这笔钱。

晚上吃饭时，妈妈看出小小有心事，就问道："今天给你的零花钱还剩下多少呀？"

"没有了。"小小小声嘀咕。

妈妈没有责备小小，因为她知道孩子第一次自己花钱，对如何花钱应该是没有一点概念，于是心平气和地问："告诉妈妈，你都买了什么了呢？"

"买了冰淇淋、矿泉水，还买了一个跳跳球……"小小轻声回答。

"你是因为其他小朋友都买了才去买的，还是你觉得有必要才去买的呢？"

"冰淇淋是我想吃就去买了，矿泉水是我口渴了才去买的，跳跳球是我看一起玩的小朋友都去买了，我也想玩，就跟着去买了一个。"

"你今天把一周的零花钱都花完了，明天再和小朋友一起出去玩的时候，口渴了要去买水喝，你应该怎么办呢？"

"我也不知道。"小小很窘迫的回答。

"以后花钱的时候要先想一想，这个东西是不是一定要买。"

"知道了。"小小还是有点无精打采。

因为这是小小第一次独立使用零花钱，还不知道如何支配它，更没有意识到零花钱也是需要留存一部分的，所以妈妈准备给小小一个弥补的机会。

"我们想一想其实还是有其他解决办法的。"

"什么办法？妈妈快点说。"小小一听顿时来了精神。

妈妈给小小提供了两个方案："一是等到下个星期六才能领10元零花钱，二是明天先预支给你5元，下周六领另外5元。"

"我选第二种方案！"一听说明天还有5元零花钱，小小的情绪立刻高涨起来。

给予零花钱是让孩子学会如何预算、节约和自己做出消费决定的重要教育手段。当孩子的零花钱使用不当时，父母不应该横加指责，也不应该轻易帮助他们渡过难关。而是要采取措施让孩子从中吸取教训。这样，孩子才能学会对自己的消费行为负责。

对于零花钱的概念，作为父母如果不能像洛克菲勒那样做到每周严格监督检查从而帮助孩子成长，那么也应该让孩子树立起正确的理念。例如，零花钱是属于孩子自己支配的钱，但并不是能全部花掉的钱；零花钱的用途是多样的，例如购买零食、玩具、书籍，以及储蓄等。对于零花钱的节制或自我克制，是自我管理意识的起点之一。

对于中国的家长而言，让孩子就零花钱做预算，并且让其忍受"需求欲望"的煎熬，实际上是很难的。这是因为中国孩子的零食、玩具、书籍等都被父母承包了，孩子已经基本得到了自己想要的。只有在即时消费欲望不能满足时，孩子才会想起使用零花钱。如果孩子只用零花钱来满足那些父母不愿意"买单"的消费欲望，那么，孩子仍然学不会对自己的消费行为负责，甚至会把自己得不到满足的情形"怪罪"到父母身上。当孩子强烈要求用自己的零花钱满足消费欲望时，那么，家长应该把孩子的相关类消费纳入零花钱的支出范围，也就是说该类消费全部由孩子用零花钱来支付。这点一定要说清楚并严格做到，如果说不清或做不到，那么零花钱的教育是没用的。例如，在父母不允许购买食品添加剂过多或糖分过多的零食时，如果孩子表现出执意要买，那么，家庭中除了正餐以外孩子的零食消费部分应该由孩子用自己的零花钱支付，并由孩子自己决定购买量。只有这样，孩子才能学会节制和克制，为自己的消费行为负责。

加深孩子对数的认识和理解，可以让孩子了解数字之间的关系，培养孩子的数学计算分析能力，为将来的理财做准备。

零花钱最大化

妈妈给贝贝发零花钱，今年发放零花钱有三个方案供选择：方案一，每个月给 40 元零花钱；方案二，第一个月的零花钱是 30 元，以后每个月的零花钱都会比前一个月多 2 元；方案三，第一个月的零花钱给 2 角，第二个月给 4 角，第三个月给 8 角，第四个月给 16 角，以此类推，也就是每个月得到的零花钱都是前一个月的 2 倍。妈妈让贝贝判断哪个方案自己可以得到的零花钱最多。如果选对了今年就按这种方式发放零花钱，如果选错了，仍然按原来的方式，即每个月发放 30 元零花钱。贝贝想了一下，认为第三个方案按角发零花钱，比第一、第二个方案少了这么多，直接就把它淘汰了；第二个方案前面几个月比 40 元少，后面几

个月比 40 元多，一时让他无法取舍，最后凭感觉还是选择了每个月按递增 2 元的零花钱发放方式。贝贝的选择对吗？

答案：

贝贝的选择不对，按第三种方案得到的零花钱最多。

解析：

方案一：

1 年后贝贝得到的零花钱为 40×12=480 元

方案二：

第一个月的零花钱是 30 元，以后每个月的零花钱都会比前一个月多 2 元，贝贝每个月得到的零花钱如下：

第一个月为 30 元

第二个月为 30+2=32 元

第三个月为 30+2+2=30+2×2=34 元

……

第十二个月为 30+2+2+2+…+2=30+11×2=52 元

1 年后贝贝得到的零花钱是 492 元。

方案三：

第一个月给 2 角，第二个月给 4 角，第三个月给 8 角，第四个月给 16 角，以此类推。贝贝每个月得到的零花钱如下：

第一个月为 2 角

第二个月为 2×2=4 角

第三个月为 $2 \times 2 \times 2=2^3=8$ 角

……

第十二个月为 $2 \times 2 \times 2 \times ... \times 2=2^{12}=4096$ 角

1 年后贝贝得到的零花钱是 8190 角，即 819 元。所以按第三种方案得到的零花钱最多。

3 自己赚零花钱

对于洛克菲勒式的零花钱教育理念，有些家长并没有真正理解。家长安排孩子做家务挣零花钱，本意是想通过物质奖励激励孩子劳动，从而锻炼孩子的动手能力和自理能力，孰不知这种不适当的奖励，对孩子会起到相反的作用，养成帮大人干活就伸手要钱的毛病，从而无法建立起责任意识。孩子是家庭的一分子，让孩子参加力所能及的家务劳动是孩子应承担的责任，我们不能把零花钱和家务劳动直接捆绑在一起。物质奖励应该用在鼓励和引导孩子完成在他看来不可能完成的事上，对于力所能及且作为家庭的一分子应该承担的责任，是没有必要也不应该进行额外的零花钱奖励的。

儿童做家务，一是责任心的培养，或者说家庭责任的培养；二是培养了孩子的自信心。能够"掌控"或"感知"环境的人会更自信，让孩子做力所能及的事情，父母不应该包揽一切。一般而言，孩子 12 周岁之后，可以做所有的家庭事务了，可以给自己做早餐甚至为家庭成员准备早餐。一个 12 周岁的孩子，在父母出门后只能在家吃泡面或到餐馆吃饭的，要么是缺乏独立能力，要么就是懒惰。但不管哪种，都说明之前家庭事务能力培养的缺失，这也是父母"失职"的一种表现。

5～7岁年龄段是孩子长身体、长知识、学做人的黄金时代。平时要加强和孩子的沟通，了解一下可能出现的合理支出。对于学校组织的有意义的活动，例如义卖活动，孩子与孩子之间的正常交往，送好朋友生日礼物等合理花费，父母要大力支持。

最近，妈妈决定通过额外的物质奖励或其他形式给小小补贴一点零花钱，同时也是对他正确的行为予以肯定，去鼓励和引导小小完成在他看起来不可能完成的事情。

有一天，妈妈对小小说："你想不想多挣点零花钱？"

小小一听，立刻兴奋起来："是不是让我拖地挣零花钱呀？"

"当然不是，你是家庭的一分子，做力所能及的家务劳动是你应该做的，没有额外奖励。现在让你做的赚钱的事情，虽然费一点精力，但是凭你自己的能力完全可以做到，而且每天都可以做。"

"妈妈快告诉我吧。"小小有些迫不及待。

"你每天可以把我们看过的报纸搜集起来，还有网购商品的包装箱整理好，在外面口渴时买的矿泉水，喝完后把瓶子带回来，积攒多了以后，把它们一起卖掉，这样你的零花钱就多起来了。"

"太好了！"小小很乐意做这些事。

"妈妈再和你约定一下：一定要每周及时把这些卖掉，否则，妈妈会把这些当作垃圾处理掉的。"

"好的。"小小不假思索地说。

"那么，你想一想，这些东西整理好后应该放哪里呢？"妈妈引导

小小把事情考虑得更周全一些。

"放到我的卧室拐角。"小小说。

"这些东西大小不同，形状不同，很难整理整齐，放到卧室会显得很乱。能不能找个更好的地方呢？例如楼下。"

"储物间。"小小马上想到了。

"对了，可以放到储物间。"妈妈回答说。

"你能理解妈妈为什么让你每周末把这些东西及时卖掉吗？"

"让我每周都有零花钱。"小小想了想说。

"保持干净整洁是首要的，这些东西长时间放置，不仅占用空间，还会有一些潜在的风险。所以，必须每周及时处理掉。"妈妈说。

小小似懂非懂地点了点头。

对于一个孩子而言，做家务不应该是其赚零花钱的途径。作为家庭成员之一，应该以帮助父母的心态去做力所能及的家务。为了让爸爸和妈妈下班回家之后好好地休息，孩子可以把房间和客厅打扫干净，快乐地学习。这样既能得到父母的肯定，自己也开心。

孩子在小学低年级的时候，为了鼓励孩子把事情做好或引导孩子完成一些看起来似乎不可能完成的事情，可以适当用金钱进行激励，以此提高孩子思考和独立处理问题的能力。孩子到小学高年级以后，就不适宜再用金钱进行奖励，否则会让孩子产生一种错误的观念，认为可以此赚钱。原因主要有两方面：一是孩子会把事情做好的激励因素或动机，变成了"钱"或父母的奖励；二是让孩子对"赚钱"的理解产生了偏差，赚钱应该是自己为他人提供了满意的服务或有用的产品而获得的回报，而不是做自己分内的事还要奖励，这不是我们应该提倡的。

引导孩子要勤于思考，善于总结，转变观念，在资源有限的情况下，如何合理整合资源，使经济利益最大化。这有助于提高孩子的分析能力，初步培养孩子的理财思维。

奇怪的结果

两个少年在市场上卖大苹果，少年甲是 2 个苹果卖 5 元，少年乙是 3 个苹果卖 10 元。

他们的篮子里各有 30 个苹果，少年甲可以卖 75 元，少年乙可以卖 100 元。为了表示友好和便于买卖，他们商定：把两个人的苹果合起来卖，不挑不选，15 元 5 个。卖完后，他们惊奇地发现：卖了 180 元，比原来能卖的钱多出 5 元。没差错，怎么多出了 5 元？这多出的钱应该归谁呢？当两个少年在算账，想搞清楚这是怎么回事的时候，被另外两个卖苹果的少年听到了。他们觉得，两个人合起来卖，可以多赚钱，决定也照这个办法来卖。

这两个少年也各有 30 个苹果，少年丙是 2 个苹果卖 10 元，少年丁是 3 个苹果卖 10 元，于是他们就按 5 个苹果卖 20 元的方式合起来卖。卖完后，他们是不是比原来多赚钱了呢？

答案：

没有多赚钱。少年丙是 2 个苹果卖 10 元，能卖 150 元，少年丁是 3 个苹果卖 10 元，能卖 100 元，两人一共能卖 250 元。他们按 5 个 20 元钱卖完后，总共只卖 240 元，比两人分开卖少了 10 元。

解析：

用同样的办法，少年甲和乙多卖了 5 元，少年丙和丁少卖了 10 元，这真是奇怪了。实际上，当甲和乙，丙和丁把苹果合在一起卖的时候，已经不是按照各自定的价格了。要是他们考虑到这一点，就不会感到惊奇了。

为什么少年甲、乙在一起卖多卖了 5 元？因为当他们独自卖苹果时，少年甲要 2 个苹果卖 5 元，就是一个苹果卖 2.5 元；少年乙是 3 个苹果卖 10 元，就是一个苹果卖 $3\frac{1}{3}$ 元。当他们把苹果合在一起，并且按 5 个苹果 15 元卖的时候，每一个苹果的价格就变成了 3 元。这就是说，少年甲的全部苹果不是按 2.5 元 / 个卖的，而是按 3 元 / 个卖的，每个苹果多卖了 0.5 元，30 个苹果共计多卖了 15 元钱。少年乙的苹果也不是按 $3\frac{1}{3}$ 元 / 个卖的，同样是按 3 元 / 个卖的，每个苹果就少卖了 $\frac{1}{3}$ 元，30 个苹果共少卖了 10 元。在一起卖当然比各自单独卖多了 5 元。

现在按照少年丙和丁的卖法，来看看他们是怎样少卖了 10 元钱的。要是他们各自单独卖苹果，少年丙是 2 个苹果卖 10 元，就是一个苹果卖 5 元；少年丁是 3 个苹果卖 10 元，就是一个苹果卖 $3\frac{1}{3}$ 元。当他们把苹果合在一起，并且按 5 个苹果 20 元卖的时候，每一个苹果的价格就变成了 4 元。这就是说，少年丙的苹果不是按 5 元 / 个卖的，而是按 4 元 / 个卖的，每个苹果少了 1 元，30 个苹果共少卖了 30 元钱。少年丁的苹果也不是按 $3\frac{1}{3}$ 元 / 个卖的，同样是按 4 元 / 个卖的，每个苹果就多卖了 $\frac{2}{3}$ 元，30 个苹果共多卖了 20 元。在一起卖当然比各自单独卖少了 10 元了。

4 记账是致富的基石

零花钱是孩子真正支配金钱的开始，现在的父母往往尽最大努力满足孩子对零花钱的要求，但对于孩子怎样管理、使用零花钱往往疏于过问，以致孩子养成了一些不良的花钱习惯。为了监督小小的零花钱使用，妈妈给小小准备了一本零花钱账簿，要求小小把每次消费情况记录下来。

"妈妈送给你一本精美的本子，但是有一个要求。"妈妈故意卖关子。

"这么漂亮的本子，我太喜欢了，什么要求？"小小马上问。

"每次妈妈给你零花钱的时候，你要把它记在本子上，每花一次钱，你都要把它记录下来。"

"可是有些字我不会写，怎么记录呀？"小小有些为难。

"这没有关系，碰到不会写的字，你用拼音或图画把它表示出来就可以了。"

"那我记这个有什么用呢？"小小有些不解。

"你每次把花掉的钱记在这里，就可以知道最终花了多少钱，而妈妈也可以知道你的钱是怎么花的，以及有没有必要给你增加零花钱。"为了让小小爽快地答应，妈妈还做了一番诱导，"如果账目记录得非常清楚，并且所花的钱是合理的话，妈妈每个月会给你额外的奖励。"

小小果然爽快地答应了："我一定把每一笔钱都记得清清楚楚。"

然后，妈妈又给小小讲解了一些账簿记录的注意事项。零花钱账簿要按日期仔仔细细地记录自己收到了多少零花钱，同时花掉了多少零花钱。如果仅仅记录领到的金额和花掉的金额，说明并没有很好地利用零花钱账簿。我们要把零花钱账簿像日记一样记录：不仅要写上商品名称和数字，而且要记录特定商品的购买原因、商品的使用感受等。这样不仅能一目了然地看到何时从谁那里因为什么领到了多少零花钱，还能看到何时因为什么情况把钱用到了何处。记录零花钱的用处、自己的满足感的程度等，有助于孩子有计划地合理地使用零花钱。看零花钱的账目可以看出自己的消费习惯，也可以知道每一阶段自己的收入和支出情况，有利于反省自己对零花钱的管理态度，在以后制订计划时可以作为很好的参考，使自己养成勤俭节约的习惯，可以培养合理管理经济生活的能力。

要想在零花钱账簿中清楚记录上述内容，账簿的格式应该怎样设计呢？我们可以在账簿页面上分设日期、内容、收入、支出、结余、备注等栏目（见表2）。收入栏记录父母给的零花钱、卖废品所得、压岁钱等。支出栏记录购买文具、零食的费用，朋友的生日礼物花费，娱乐费用等。结余栏要记录每次收到或支出后零花钱的变动情况。备注中要注明当时花了这些零花钱的感受。

表2　小小的零花钱账簿　　　　（单位：元）

日期	内容	收入	支出	结余	备注
1月2日	收到妈妈给的零花钱	10		10	
1月3日	卖废品收入	5		15	
1月5日	数学满分奖励	20		35	我数学得了满分真高兴
1月9日	收到妈妈给的零花钱	10		45	
1月12日	妈妈还我上个月欠款	20		65	
1月16日	收到妈妈给的零花钱	10		75	
1月17日	朋友生日礼物		20	55	和朋友一起过生日真开心
1月23日	收到妈妈给的零花钱	10		65	
1月23日	奇趣蛋		8	57	奇趣蛋里面有吃的，还有小玩具真开心
1月30日	收到妈妈给的零花钱	10		67	
1月31日	风火轮小跑车		9	58	我超喜欢不同款式的风火轮小跑车，这是我买的第3辆

如果想要更好地管理零花钱，我们还需要定期从零花钱中抽出一定的数额进行储蓄。因为孩子还小，自控力有限，所以一般按周发放零花钱并要求其把零花钱的 20% 用来存储。对于用剩下的钱进行的消费，使用零花钱记录本把零花钱的数额、零花钱的支出项目都必须明确记录下来。孩子在对零花钱的收支进行记录的过程中，就会思考应该怎样支配自己的零花钱，是用零花钱购买自己需要的学习用品，还是买零食跟朋友一起分享。渐渐地，孩子就会习得花钱的要领。

　　等到孩子再大一点，管理零花钱的能力提高了，就可以按月发放零花钱了，可以让他在拿到零花钱前先制订当月的使用计划。花在玩游戏、买零食方面的费用，最好不要超过零花钱的 20%。一个月之后再进行总结：自己是否按计划支出，是否购买了不必要的东西，如果零花钱不够用，就要记录不够用的原因，以防再次出现这种情况。观察零花钱的使用结果与自己所制订目标的吻合程度。在这个过程中，父母的帮助和指导是必不可少的。

让孩子将每个月的零花钱开支情况准确、详细地记录到零花钱账簿上，月底与孩子进行分析，哪些花费是必需的，哪些花费是可以尽量缩减或完全避免的，对孩子不良的消费习惯进行纠正，为孩子累积财富奠定良好的基础。

亮亮的零花钱账簿

亮亮每星期从妈妈那里领来 10 元零花钱，可以买自己喜欢的东西，上个月还有 9 元钱没有花完，这个月买了两支可擦笔 6 元、一瓶饮料 4 元、一辆玩具小跑车 21 元、一袋棒棒糖 11 元。亮亮把所有的收入和开支都记到零花钱账簿上了，详见表 3。

表3 亮亮的零花钱账簿　　　　（单位：元）

日期	内容	收入	支出	结余
4月1日	上月结余			9
4月1日	收到妈妈给的零花钱	10		
4月2日	买了两支可擦笔		6	
4月8日	收到妈妈给的零花钱	10		
4月9日	买了一瓶饮料		4	
4月15日	收到妈妈给的零花钱	10		
4月22日	收到妈妈给的零花钱	10		
4月23日	买了一辆玩具小跑车		12	
4月29日	收到妈妈给的零花钱	10		
4月30日	买了一袋棒棒糖		11	

　　月底，妈妈问亮亮还剩多少钱，亮亮说还有17元钱，可是妈妈检查了一下亮亮的记录，发现每次买了东西亮亮记录支出之后，都没有把剩余的零钱写在账簿上，于是妈妈根据账簿算了一下，结余应该是26元，差了9块钱，这是怎么回事呢？亮亮很后悔，自己在记录收入和支出的时候没有把结余一起记录下来，否则就能及时发现差错了。究竟是亮亮记录有错，还是

零花钱丢了 9 元钱呢？现在怎么去找出这个错误呢？

答案：

亮亮账簿上的数字记录错了，买了一辆小跑车玩具花了 21 元，他记成了 12 元，正好相差了 9 元。

解析：

在日常记录零花钱的时候可能会发生数字前后位颠倒的情况。如果是这样的错误，那么就会有这样的特征：正确数字与错误数字的差数就与 9 有关，一定是 9 的倍数。例如把 32 写成了 23，相差 9，是 9 的 1 倍；把 53 写成了 35，相差 18，是 9 的 2 倍。这里出现的 9 的 1 倍指的是两个颠倒的数字相差 1，9 的 2 倍指的是两个颠倒的数字相差 2。因此，碰到这类情况均可应用"除九法"来查找。例如：

1. 差数是 9。9÷9＝1，那么错数前后两数之差是 1，应该是 21、32、43、54、65、76、87、89 这样的两位数前后颠倒。

2. 差数是 18。18÷9＝2，那么错数前后两数之差是 2，应该是 31、42、53、64、75、86、97 这样的两位数前后颠倒。

3. 差数是 27。27÷9＝3，那么错数前后两数之差是 3，应该是 41、52、63、74、85、96 这样的两位数前后颠倒。

4. 差数是 36。36÷9＝4，那么错数前后两数之差是 4，应该是 51、62、73、84、95 这样的两位数前后颠倒。

5. 差数是 45。45÷9＝5，那么错数前后两数之差是 5，应该是 61、72、83、94 这样的两位数前后颠倒。

6. 差数是 54。54÷9=6，那么错数前后两数之差是 6，应该是 71、82、93 这样的两位数前后颠倒。

7. 差数是 63。63÷9=7，那么错数前后两数之差是 7，应该是 81、92 这样的两位数前后颠倒。

8. 差数是 72。72÷9=8，那么错数前后两数之差是 8，应该是 91 这样的两位数前后颠倒。

亮亮的差错数字是 9。9÷9=1，那么错数前后两数之差肯定是 1，这样只要查 21、32、43、54、65、76、87、89 是不是写颠倒了就可以了，无须在与此无关的数字中去查找。很快亮亮找到了：在 4 月 23 日买了一辆玩具小跑车，上面支出栏记录的是 12。最后确定是把 21 元的小跑车错记成了 12 元。

合理消费

合理消费小故事

钱要花得值

2017 年福布斯富豪榜公布的数据显示，微软公司创始人比尔·盖茨第四年蝉联全球富豪榜第一，合计财富 868 亿美元（2016 年）。然而，这位世界首富却从不炫富，他没有自己的私人司机，公务旅行也只坐飞机的经济舱，不愿将车停在贵宾车位，即使朋友代付车费也不行。对于自己的衣着，比尔从不讲究什么名牌，只要穿起来舒服就行。平日里，比尔会选择便裤、开领衫，以及他喜欢的运动鞋，但是其中没有一件是名牌。他也对打折商品感兴趣，用价值 10 美元的手表看时间。

比尔与妻子都十分疼爱自己的孩子，但是比尔只给孩子们少量钱，比尔认为养尊处优终将会让孩子一事无成。小儿子罗瑞总是抱怨父母不给自己买他最想要的玩具。比尔公开表示，他不会将自己的所有财产留给自己的继承人。他认为自己只是这笔财富的看管人，需要找到最合适的方式来使用它。他认为每一元钱，都要发挥出最大的效益。因此成立了比尔与梅林达·盖茨基金会，将数百亿美元捐献给该基金会，不作为遗产留给子孙。这笔钱将用于研发艾滋病和疟疾的疫苗，并为世界贫穷国家提供援助。该基金会是目前美国规模最大的私人慈善基金会。

钱要花得巧

1974 年，美国政府为清理翻新自由女神像时留下的大堆废料，向社会广泛招标。但好几个月过去了依然没人应标。因为在纽约垃圾处理有严格规定，处理不好会被环保组织起诉，还有可能会面临巨额罚款。当时，一个正在法国旅行的犹太人听到这个消息，他立即终止休假，飞往纽约。看过自由女神像下堆积如山的铜块、螺丝和木料后，他未提任何条件，当即与政府部门签下购买协议。消息传开后，许多人都认为这位犹太人实在是愚蠢之极，在背后偷偷嘲笑他，等着看他的笑话。这位犹太人对这些根本不予理会，开始组织工人对废料进行分类。他让人把废铜熔化，铸成小自由女神像，旧木料则加工成底座，废铜、废铝的边角料则做成纽约广场的钥匙。他甚至把从自由女神像身上扫下的灰尘都包装起来，出售给花店。这些废铜、边角料、灰尘经过加工后都以高出它们原来价值数倍乃至数十倍的价格卖出，且供不应求。不到 3 个月的时间，他让这堆废料变成了 350 万美元。

2 引导合理消费

　　如果想买什么就买什么，那感觉一定超级棒。小小的人生目标就是成为一个大富翁。他自己想要一辆赛车，给父母买一栋别墅，送给爷爷奶奶一艘宇宙飞船。小小读小学一年级时，就开始负责家里的资源回收工作，他每个星期清理一次资源回收箱。在储藏室里，他把看过的废旧报纸杂志、网购物品包装用的纸箱、喝完饮料的铝罐塑料瓶、用完的塑料油桶等都分门别类整理好。他每个星期清理资源回收箱，所得到的废旧物品回收金就可以留着自己用。这样每个月可以赚三四块钱。妈妈还设立了家庭奖学金，学校里的每次测试，得了满分可以有 20 块钱奖励，当然这不是单纯地将成绩和奖金挂钩，这是鼓励孩子做任何事情都要细心。没多久，小小就变成家里的"银行"了。网购的货到付款的商品，因手上没有零钱，妈妈会从小小那里借 10 元或 20 元钱，只要妈妈在他的记账本上签个名答应还钱就可以了。存着这些钱固然很好，但偶尔花花钱也很开心。小小会为自己买些特别喜爱的东西，陀螺、溜溜球、很炫的卡片，还买了自己很爱吃的里面有神秘小礼物的奇趣蛋。但是在使用零花钱的过程中，小小还是遇到了一个棘手的问题。

几天前，有个小朋友偷偷把玩具骑刃王龙战骑带到学校。在课间的时候小小看到了，这是他一直都想购买的玩具，于是他向小朋友要过来玩了玩，一不小心龙战骑掉到地上摔坏了。小朋友不乐意了，让小小赔一个给他。小小心里想，不就是一个龙战骑嘛，重新给他买一个不就完了？可是因为上个星期看电视广告，买了一个陀螺，把身边的零花钱都花光了，怎么办呢？小小开始求助妈妈。

"妈妈，我要买一个玩具。"

"你上个星期不是刚买了一个陀螺吗？怎么又要买？"小小对新买的玩具这么快就没兴趣了，妈妈有些不理解。

"下个月是我的生日，我要龙战骑你先给我买一个。"

"离生日还有一个月的时间，你现在就想买的话，那用自己的零花钱买吧。"

"我的零花钱已经没有了。"

"那就等到下次发零花钱的时候再买，或者等一个月后你过生日时妈妈把它当作礼物送给你。"

"我现在就要买。"小小开始嚷嚷，有些急躁了。

妈妈觉得这中间肯定有隐情，就问小小究竟是什么原因，小小才将今天在学校里发生的事情告诉了妈妈。

"今天的事也不是没有补救的办法。"妈妈想正好趁这个机会给小

小好好上一课，怎样进行合理消费。

"什么办法？"小小眼中充满了期待。

"在说解决办法之前，你先回答妈妈几个问题。"妈妈开始卖关子。

"你快问吧。"

"你为什么买了那个陀螺？"

"我看电视广告上说陀螺很好玩，我很想买就买了。"

"现在为什么要买龙战骑？"

"我把小朋友的弄坏了，我答应赔他一个。"

"如果你上星期不买陀螺的话，你是不是自己还有零花钱买一个还给他？"

"是的，可是我已经把零花钱都花光了。"小小有些后悔。

"零花钱是有限的，我们在买东西之前要先判断哪个是必要的。"

"哦。"

"这次，龙战骑我们要还给小朋友，是必须买的，但是因为我们买了可买可不买的陀螺，把钱都用光了，所以我们在买商品之前是不是要考虑一下'我为什么要买这个东西呢'，然后问自己'我应该在什么时候买呢'，把必须买的东西按照轻重缓急排一排，对于不必要买的东西可以先不买。"

"妈妈，我明白了。我以后一定要好好管理我的零花钱。"小小对妈妈承诺。

将拿到的零花钱简单地攒起来，这并不是正确地使用零花钱的方法，也不能锻炼孩子管理零花钱的能力。为了正确地使用零花钱，首先要制订具体的消费目标，要制订像购买电脑之类的长期目标，也要制订像和朋友一起吃零食这样的短期目标。另外，需要确定好目标的优先顺序，而且为了达成目标,还要制订各种各样的小目标。消费的一般流程如图1。

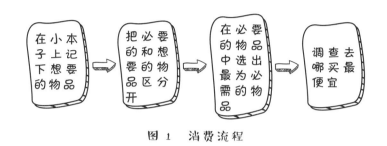

图 1　消费流程

　　让孩子在每次要买某一商品之前，首先考虑一下"我为什么要买这个东西呢"。有时候我们本不需要这个东西，因为跟风才购买。其次是"我应该在什么时候买？"也就是这个东西是否急需，让孩子把要买的东西按照轻重缓急排列。即使是生活必需品，如果不是马上就要用到的，我们也不能一次性全部买下来，那么就会很自然地出现"首先要买什么"的顺序问题，也就是要确定消费中的优先顺序。每一次用钱时，都能正确回答这些问题，就可以做到不必要的不买，暂时不用的不买，量入为出，养成勤俭节约的好习惯。

　　当孩子给出合理的消费理由时，可以让孩子尝试独立消费，并要求详细准确地记账，培养他们独立计划用钱的能力。一段时间后，应该和孩子做一次结算，看看他的各项开支是否合理。如果消费支出合理，应该及时表扬和肯定，还可以给予一定的奖励；如果有不合理的支出，要指出来，从而让孩子吸取冲动消费的教训，积累计划用钱的经验。应该

让孩子知道我们应具有理性的管理零花钱的态度，即不进行盲目的大众消费，不冲动购买。

识别商品的价值，是一个逐步培养的过程。对一个孩子而言，视觉、味觉、听觉、触觉等是获取信息的重要方式，而很多商品就是在这些方面"诱惑"孩子的，对孩子而言"看穿"这个诱惑，并不是一件很容易的事。理性消费观念是逐步培养出来的。

对于父母而言，在消费时应该节俭，不必要的、不该买的东西不要乱买。父母的行为是最好的示范，这有助于让孩子更好地理解合理消费，并且逐步引导孩子的消费层次。例如生存消费是必需的，感官消费要尽可能少，休闲消费仅仅是生活中的调剂和补充，不能过度，应该更多地着眼于成长消费和精神消费。

让孩子了解钱和商品是如何交换的，知道钱可以换回等值的商品，知道钱作为等价物的概念。告诉孩子假币是没有任何价值的，是不能作为等价物与有价值的商品进行交换的。

赔 本 生 意

一个年轻人到杂货店买烟，一盒烟的标价是 20 元，年轻人掏出 100 元给店老板，店老板没有零钱，于是去隔壁邻居家兑换了零钱，回来后找给年轻人 80 元。可是过了不久，邻居觉察出那张 100 元是假钞，而那个买烟的年轻人却早已拿了烟跑了，老板没有办法，只得又拿出 100 元还给邻居。请问，这样一来，店老板一共损失了多少钱？（烟的损失按卖价计算）

答案：

店老板一共损失了 100 元。

解析：

这个问题要从两方面去分析：首先是杂货店老板与年轻人的关系。年轻人拿走价值 20 元的烟和 80 元的真钞，合计 100 元，却给了杂货店老板价值为 0 元的一张假币，因此，年轻人得了 100 元，店老板损失了 100 元。其次，再分析杂货店老板和邻居的关系。杂货店老板在邻居那里用 100 元假钞兑换了 100 元散钱，邻居发现 100 元钱为假钞后，店老板"赔"给邻居 100 元。但是分析问题必须明确事物的本质特征，与邻居换零钱的过程实质上没有任何交易发生，没有收益或者损失。所以，实际上杂货店老板只赔了 100 元。整个交易过程中，与邻居的关系可以完全忽略。如果把杂货店老板、年轻人和邻居的关系交织在一起，考虑换零钱，找零钱，那就复杂了。

3 千万别借太多钱

　　学校有时候会举办慈善义卖活动，小朋友们把家里的旧文具、玩具或体育用品带到学校，明码标价出售，家长给孩子准备 10 元到 50 元不等的零花钱，孩子看到自己心仪的物品就拿钱购买，学校以这种形式筹集到钱之后捐给贫困地区。有的孩子看到心仪的物品都想买，可自己带的钱又不够，就向其他小朋友借钱。小孩子没有信用意识，借钱不知道应该及时归还。孩子信用教育的缺乏是一个重要的问题。妈妈打算利用买龙战骑这个机会考察一下小小的信用意识。

　　"妈妈，快说你的补救办法吧。"小小有些迫不及待。

　　"妈妈可以借钱给你。"

　　"哇，太好了。"小小太高兴了，一直困扰自己的难题终于能解决了。

　　"那么，你什么时候还钱？"妈妈接着问。

"一个月后，我攒够了零花钱就会还你了。"小小思考了一下说。

"为了防止你无法在规定期限内还款，你要给我做个担保。"妈妈追加了一条。

"担保是什么？"

"就是把你的一个物品押给我，没在规定时间内还款，担保物就是我的了。"妈妈解释道。

"那我把存钱罐押给你。"小小很爽快。

第二天小小买来了龙战骑还给了同学。

贷款按信用程度划分为信用贷款、担保贷款等形式。我们相信朋友一定会还钱，从而把钱借给朋友这就是信用贷款。而担保贷款就是在借钱的同时，先收下高价物品作为抵押的贷款，如果贷款者不还钱，用来抵押的物品就会归借款者所有。银行也是这样。银行的抵押贷款需要贷款人以房屋、土地、存款等作为担保，或者要有能力帮助还钱的担保人提供担保。银行把顾客的信用度分为若干等级进行管理，不同的信用等级对应不同的贷款方式以及贷款额度。

因为小小向妈妈借钱的时候比较心急，和妈妈说一个月后就会还钱，既然说了就要做到，要做个守信用的人。在这一个月中，每周妈妈发的零花钱，小小都舍不得花，抵制各种零食、玩具的诱惑，把零花钱存起来。小小和妈妈约好的还钱日期越来越近，但他手里还没有足够的钱。攒了好几周的零用钱，再加上卖废报纸和纸箱的钱，离还款数额还是有一点差距。当时向妈妈借钱的时候没有考虑到自己到期要还的钱其实比一个月能攒下的钱是要多一点的。小小开始苦恼如何才能还清欠款。晚上小小和妈妈说了自己的想法。

"离还款日还有两天了，我还差一点钱不够偿还欠款，妈妈有没有别的办法让我在这两天内赚一点钱凑足欠款呢？"小小向妈妈求助。

"还不清钱也没有关系，让妈妈拿走你的存钱罐就可以了。"妈妈开玩笑。

"不行。"小小坚决地说。

"你没有在规定时间内还款，担保物自然就会成为妈妈的了。"

"我会努力还清欠款的。"小小认真地说。

"要不等过年的时候有了压岁钱再还吧，存钱罐妈妈暂时替你保管。"妈妈不想为难小小。

"我一定要在这个月内还给你。"小小有些倔强。

"那让我想想还有没有别的办法。"

"好的，妈妈快想想。"小小有些着急。

"还有一个办法。"

"什么办法？"小小眼睛一亮。

"你最近在养蚕，每次摘桑叶的时候都是爸爸和你一起去的，要不这次你自己去，如果你能独自采摘几片桑叶喂蚕宝宝，还差的几块钱妈妈把它作为奖励，怎么样？"妈妈帮小小出主意。

小区的一角就种着桑树，距离不远，相对安全。小小平时就有些胆小，不敢尝试独自去采桑叶，这次有这样一个锻炼的机会妈妈当然不能放过。

"嗯，那……好吧。"小小有些犹豫但还是答应了。

妈妈提醒小小注意小区里的车辆，小小就出门了，10分钟后小小采了几片桑叶回来了，脸上写满了兴奋。

"妈妈，你看我独自去把桑叶采回来了，厉害吧？"

"你今天表现得特别棒，把这个收起来吧，你的债务还清了。"妈妈把小猪存钱罐还给了小小。

"噢耶！"小小高兴地跳起来。

"你知道为什么妈妈夸你特别棒吗？"

"为什么呀？"

"因为你很守信用，为了兑现自己的承诺，你克服了心理障碍，完成了以往看起来不可能完成的事情，超越了自己。"妈妈对小小竖起了大拇指。

知识链接：

贷款按照信用程度划分为信用贷款、担保贷款。

1. 信用贷款，指以借款人的信誉发放的贷款。

2. 担保贷款，包括保证贷款、抵押贷款、质押贷款。

保证贷款，指按规定的保证方式以第三人承诺在借款人不能偿还贷款时，按约定承担一般保证责任或者连带责任而发放的贷款。抵押贷款，指按规定的抵押方式以借款人或第三人的财产作为抵押物发放的贷款。质押贷款，指按规定的质押方式以借款人或第三人的动产或权利作为质押物发放的贷款。

了解信用贷款、抵押贷款，懂得借了钱是要还的，还要连本带利地还，从而让孩子自己去衡量是否有能力承担，决定是贷款去超前消费还是放弃消费。

信用贷款还是抵押贷款？

恬恬妈妈是一家大型知名企业的管理人员，为方便接送上小学的恬恬上下学，同时出于工作、生活出行考虑，她想购买一辆性价比较高的汽车。在转了几家 4S 店后，恬恬妈妈看上了某品牌一款较满意的车型，价位大概是 20 万元。可是她手头上的现金离购车款还差几万元，而车行又不接受贷款，所以恬恬妈妈想通过抵押房产贷出一部分钱来，一次性付清购车款。这样做合适吗？

答案：

不合适。

解析：

抵押房产的手续较烦琐，而像恬恬妈妈这种在小额贷款上有需求的人，是完全没有必要通过抵押房产来进行资金周转的。目前银行的小额消费贷款，是无抵押信用贷款，一般对借款人的职业要求较高，事业单位、国有企业或大型外企的员工才可以申请，有稳定收入并且个人信用良好就能办理，也就是说，不需要抵押房产和他人担保，即可获得贷款。借款人只需提供单位证明、个人财产证明等资料就可以申请。无抵押贷款额度较低，通常是借款人月收入的 10 倍，最长贷款期限 3 年，一般 7 天之内就能办好。对于恬恬妈妈这种对小额贷款有需求的人士来说比较适用。

4

克服冲动消费

　　广告是宣传产品的活动，它的形式多种多样，有宣传册、电视广告、报纸广告、网络广告、公交车广告、体育竞技场广告等等。人们通过这些宣传册可以了解这是一家什么样的店，在什么地方，以及电话号码等信息。还有一些宣传册会用优惠券来吸引顾客。电视广告的费用是很高的，所需费用与它的播出时段、时长相关。在黄金时段播出的电视广告时间越长，收视效果越好，费用也就越高。报纸有一小部分版面是用来做广告的，版面大小和位置不同价位也不同。网络广告就是一种利用网站上的广告横幅、文本链接、多媒体的方法，在互联网刊登或发布广告，通过网络传递给互联网用户的广告运作方式。网络广告的具体表现形式并不仅仅限于放置在网页上的各种规格的广告，电子邮件广告、搜索引擎关键词广告、搜索固定排名等都可以作为网络广告的表现形式。网络

广告是根据广告被点击的次数收费的。不管什么形式的广告，广告费都会包含在商品价格里，所以最终还是消费者支付这些昂贵的广告费用。从某种程度上来说，广告会诱导儿童的消费行为，为了有效防止无孔不入的广告对孩子的消费观念造成负面的影响，父母责任重大。

为了降低广告对小小的吸引力，妈妈想找几个比较容易显示效果的商品，让小小对广告和真实商品进行直接的差距对比。小小过生日想让妈妈买一个溜溜球送给他。妈妈觉得机会来了，就上网打开溜溜球的购买页面让他自己找找。

"妈妈，你看这个溜溜球好便宜，才25元。"

巨大的图片占据了大部分页面，妈妈瞄了一眼说："你打开链接看一下。"

小小按照妈妈说的，点开链接一看。"原来是这样呀。"小小很失望。

在购买页面上标示的价格25～119元不等，下面有各种不同的款式可供选择，选中一款跳出一个价格。最便宜的是25元，最贵的是119元。

"广告故意用绚丽的图片和低廉的价格吸引小朋友的注意。真实商品远不是广告宣传的样子。"妈妈顺势进行引导。

"我就是被这张图片吸引，差点上当了。"小小表示赞同妈妈的说法。

"有些广告上用大大的字体写出3折，在3折后写了一个很小的'起'字，等你去购买时，会发现只有个别是3折的商品，并且这些商品都是滞销或者是根本没有几个人喜欢的产品，其他大多数是7～8折的商品，甚至还有一些新品推介，这些新品几乎不打折。"妈妈接着说，"还记得上次我们在一家小吃店吃水饺，广告说牛肉粉丝仅售7元，我们到小吃店购买的时候……"

"我想起来了，服务员说要买一份水饺套餐，牛肉粉丝才是广告上面的价格。"小小还没有等妈妈说完就抢着说。

通过这种直观的方式，和孩子谈论广告，让孩子学会辨别广告的真实性，了解有些广告会用"世界第一"或"最好"等用语夸大宣传，还会利用一些绚丽的颜色和甜言蜜语刺激人们的感官，这样，消费者就像被催眠了一样，可能会进行一些不合理消费。我们要做理性的消费者，从广告中挑选有用的信息，要学会判断是否有夸张的成分或虚假宣传。

有时候我们在看到商品或者看到广告时，突然特别想要购买并直接买下来，这种行为就是冲动消费。也就是说，本来不是计划要买的东西，只是瞬间被它吸引而产生了购买行为。冲动购买的特征之一就是购买欲望强烈，完全不经理性思考。对于冲动购买，大部分人事后都会感到后悔。看到一个吸引眼球的东西就想要，这是每个孩子都会有的消费冲动。孩子抵制诱惑的能力比较弱，加上和其他孩子的攀比，就更容易出现冲动消费。不过因为孩子年龄尚小，可塑性强，父母应在消费习惯还没有定型前及时帮助孩子养成良好的消费习惯。我们应该帮助孩子分清"需要"和"想要"。很多时候孩子把"想要的东西"买回来之后，才发现都是自己"不需要的东西"。告诉孩子"需要的东西"才是应该优先满足的。这对他们以后的理财能力的培养起着决定性的作用。当我们和孩子一起面对不需要买的玩具时，要帮孩子控制住"想要就买"的想法，先让他想清楚这个玩具为什么要买，要自己分析这个玩具究竟是"需要"还是"想要"，最后让他自己主动放弃购买的想法。如果这种方式还没有办法让他平息消费欲望的话，可以用缓兵之计，不即时答应，但也不完全否定，带他多逛几个商店让他比较自己想要的那个商品的价格。

这种货比三家的消费办法不仅能让他了解不同商家之间同种商品的价格差异，还能让他知道一时冲动可能买不到物美价廉的商品，为他的理性消费打下基础；同时还可以转移他的注意力，让孩子学会暂时放弃，抑制孩子的消费冲动。

我们可以支配的钱是有限的，所以明智的消费者只买必要的物品，用同样的钱买更好的物品。通常在购买之前，先想一想它是不是必需的物品，然后上网查询产品信息，仔细读一读产品说明和购买者的使用评价，再比较一下价格。还可以去超市或百货商店等实体商铺仔细查看物品，衣服在商店试穿一下，这样买了才不会后悔。一般的商品也并不是只在百货商店才有售，专卖店、折扣超市、网店都有卖。网店因为没有实体店铺，不用支付昂贵的店铺租金，商品的价格相对便宜，而专卖店、百货商店因为要支付店铺租金和其他相关的费用，价格自然会高一点。

同班的很多小朋友穿着毛毛虫运动跑步鞋，小小也想拥有一双。在他的旧运动鞋穿起来都有点显小后，妈妈答应给他购买一双新运动鞋，小小最想购买的当然就是毛毛虫鞋了。一想到购买毛毛虫鞋，小小就会变得很兴奋。

"这款运动鞋价格比较高，你确定要买吗？"

"当然！这一刻我已经等很久了。"

小小和妈妈来到了商场，在该品牌专柜看到了心仪已久的毛毛虫鞋，看看价格标签小小也吓了一跳，只见标签上标着 469 元。"对于孩子穿的鞋而言，这个价格可真的不低。"

"你是不是因为看其他小朋友穿着，所以才决定购买毛毛虫鞋？"

"不是啊，我只是想购买好的运动鞋而已。"小小强调说。

"那我问你一个问题，运动鞋好坏的评判标准是什么？"

"好的运动鞋穿起来比较舒服，我看小朋友都愿意穿'毛毛虫'，应该是穿起来比较舒服吧，并且鞋的样式我也很喜欢。"

"说得有点道理。"

"这双鞋的颜色我很喜欢，就买这双吧。"小小指了指货架上蓝色和橘黄色相间的一款毛毛虫鞋。

"这双鞋有优惠吗？"妈妈问服务员。

"现在促销，九五折，445元。"

"你跟我来。"妈妈把小小拉到了一旁的座椅。

"干什么？"

"在购买之前，我们应该先了解一下更多的商品信息吧。"

"哦。"

"先了解毛毛虫鞋是否真的很好，查看穿过的人都做出什么评价。"妈妈用手机开始查询信息。"这款鞋果然是好鞋，大家的评价都不错。"

"是吧，你看我说的没错吧？那我们赶紧去买吧。"小小有些扬扬得意。

"等一会儿，我们还需要确认在哪里能买到最便宜的。"

"难道同样的东西在不同的地方买价格会不一样吗？"小小很疑惑。

"当然了。"妈妈在回答小小疑问的同时，还在继续用手机搜索，"找到了，如果从网上购买，这款鞋只卖375元。"

"怎么会这样呢？但是如果在网上买，等快递送过来，那不是还要好久？"小小有些不满意。

"也不需要等很久，现在快递的效率很高，今天下单，明天就可以

送到。"妈妈继续给小小解释。

"不嘛，我现在就想要。"小小有些生气。

"今天就买回去和明天快递送过来，时间上仅仅相差一天，但价格上要相差 70 元。我们来算一下 70 元零花钱你需要攒多长时间。"妈妈耐心地做小小的工作。

计算了之后，妈妈告诉小小，节省下来的 70 元有一半作为零花钱奖励给他，于是小小高高兴兴地接受了网购。接下来，妈妈给小小讲解为什么商店和网店之间存在价格差距，并且如何选购有质量保证的网店商家。

"因为百货商场要支付租赁柜台的费用和职员的工资，所以才会卖得贵。网店不是实体店铺，可以减少销售费用，因此价格相对便宜。不过在网上买，有可能买到假货，所以一定要找信得过的网站才能下单购买。"

"如果都像我们一样从网上购买，那么这些百货商店会不会关门呢？"小小担忧地问。

"百货商店可能会受到一些冲击，但是一般不会关门。第一点，厂商会根据销货数量给他们一定的补贴，这笔钱一般从厂商的广告费中支出。第二点，总会有一些人会选择直接从商店购买，看到自己喜欢的商品，很多人都有一种冲动，希望马上拥有。第三点，还有些人只有通过现场体验才能感知商品是否真正适合自己，这些商店可以提供一些现场服务，例如服装的现场修改。"妈妈解释说。

如果我们能支配的钱很少，开销却很多，这无疑会引发财务危机，即便拥有足够的钱财，滥用的话也会带来财务方面的问题。预算是帮助我们维持收支平衡的有效方法，它其实就是对收入和支出做一个计划，帮助我们将各方面的消费做一个优化平衡。要在需要和想要的物品之间做权衡，在需要的物品中选出最必需的物品，必需品在预算中应该占最大的比重，并按必需、必要、想要的顺序进行排序。当然我们有一些物质上的期望并非错事，这都是相当自然的想法，假如预算许可的话，也可以购买一些能给自己带来愉悦感的期望物品。

如果孩子要的东西是必需品，就应该买，如果是期望物品就应该让孩子自己挣钱去买，或等到过生日的时候再买给他。一旦孩子知道期望物品要靠自己挣钱去买，他就会比较一下期望物品如乐高玩具和新型滑板哪个更实用，从而调整自己的期待。

超市、商场为了促销商品，会推出各种各样的减价活动。指导孩子理性看待这些信息，培养孩子良好的消费习惯，让孩子懂得比较消费，使理财技巧提高到一个新的层次。

哪种促销方式更优惠？

晨晨的生日就要到了，妈妈准备在网上购买一辆自行车送给晨晨作为生日礼物。她看到三家店铺不同的促销方式：一个是买一辆自行车（价值500元）送一个打气筒和一个骑行水壶（价值100元）；一个是满500元减100元；还有一个是满500元送100元优惠券，可以在该店铺购买其他任意的商品时抵用。哪种促销方式更优惠呢？

答案：

满500元减100元更优惠。

解析：

商家常用的促销方式有以下几种：

①买赠方式。买赠是一种常规性的促销手段，利用消费者占便宜心理通过赠送相关产品或增值配件，以产品溢价的促销形式来刺激消费。如买自行车送打气筒和骑行水壶。对商家来说扩大了销售，增加了利润，对买家来说如果送的东西正是自己需要的，就比较划算，如果是自己不需要的，就不如在价格中直接减去100元划算。

②满减方式。这是消费者最容易接受的方法。在产品原价基础上进行一定金额的让利，降低消费者付出的现金成本的促销形式。如满500元减100元，减的是现金，实际上是以400元的价格出售平时卖500元的商品。降价后的商品再涨价比较困难，并且对商家来说利润最小，但对于买家来说最实惠，付出的现金成本最低。

③拼购方式（限时促销）。拼购是针对消费者多型号或多品类的需求，以较低成本或零成本获取其他产品的促销形式，如满500元送100元优惠券（限时使用），可以在该店铺购买其他任意商品时抵用。优惠券其实等于变相降价，但是效果是完全不一样的。发100元优惠券且限时使用，卖家会因为这100元优惠券带动了其他商品的销售，从而增加利润。买家也因为优惠券而得到一定的实惠。

投资理财

在哈佛大学，第一堂经济学课上只教两个概念：第一，要区分投资行为和消费行为；第二，每月先将 30% 的工资用于储蓄，剩下的才能进行消费。这就是让很多人受益一生的"哈佛教条"。对于大多数人来说，都是先花钱，每月能剩多少便储蓄多少，采用这种方式到月底所能剩下的用于储蓄的钱其实并不多，而哈佛人则要求把每月要储蓄的钱作为每月最重要的目标，先储蓄，后消费。储蓄只能超额完成，不能找任何借口和理由放弃目标，因此，剩下的钱就越来越多了。还有就是一定要进行投资，并且要求投资年综合回报率要在 10% 以上，不论是储蓄还是投资，必须持之以恒。"哈佛教条"告诉我们：每个人财富的实现都来源于良好的理财习惯，任何人的财富积累都不是一蹴而就的，都经历过由小变大，聚少成多这样一个艰苦的积累过程。几乎每个后来成为富翁的人都有这样良好的投资理财习惯。巴菲特从 6 岁开始储蓄，11 岁时他有了 3000 块，购买了平生第一只股票。"储蓄，投资，再储蓄，再投资"，这一信条他坚持了 80 多年，成为世界上最富传奇色彩的投资家、企业家。这不能不让我们深思。

投资与消费小故事

　　花钱一定要区分投资行为和消费行为，那么究竟什么是投资，什么是消费，我们先看下面这个小故事吧。

　　兄弟两人住在农村，过着日出而作、日落而息的生活。一天，有人送给两人各一小袋稻谷，这是一种在很远很远的地方出产的香稻，口感上佳。兄弟两人非常感激。

　　为了品尝这美味的大米，哥哥当天就把稻谷碾成了大米，香喷喷的米饭真的很好吃。

　　弟弟看着自己的一小袋稻谷，想到如果今天就这样把它吃了，是暂时饱了口福，但是以后就再也吃不到这么好吃的米饭了。既然本地可以种植稻谷，那么这种香稻应该也可以种植。何不尝试把它种下去，如果真的栽种成功，以后年年都有这种香喷喷的米饭吃了。

到了播种的季节，弟弟把这一小袋稻谷作为种子，种了下去。当年的气候并不太好，尽管如此，还是有两大袋的收成。弟弟留下了一袋稻谷继续作为种子，另一袋稻谷作为丰收的果实，可以美美地享用了。

分析一下兄弟两人的行为：哥哥把稻谷变成了大米，吃到了香喷喷的米饭，即时享受生活，获得短暂的快乐，他的这种行为就是消费。消费，可以满足即时需要，马上能够获得满足或体验。而弟弟把这一小袋稻谷作为种子播种下去，他的这种行为就是投资。投资，意味着付出，需要克制欲望延迟消费。

投资是以回报为目的，会带来收益，当然，投资一般也会有风险，但不冒风险就不可能有收获。稻谷虽然种下去，但并不一定能在当地生长。很多人都想当然认为：这么好吃的稻米，如果能在当地生产，那么前人早就种植了；既然没有种植，那么这种稻米或许就不适合在当地生长，盲目尝试可能造成种子、土地、人力的损失。实际上，有些事情需要去分析，为什么不适合？为什么适合？适合的可能性有多大？如果有很大的概率是可以种植的，那么投资的风险就低。无论如何，直至稻谷丰收之前，都存在着可能作为种子的稻谷没了，时间、精力、体力白白投入了的风险。

除了风险，投资的持续性也至关重要。不是稻谷种下去就完事了，还有后续的田间管理，例如施肥锄草、防旱排涝，这些都可以看成是后续的投资，需要个人时间、精力、体力的持续投入，才可能有收益。

先储蓄后消费相对比较稳健，并且能预防以后的各种风险；投资优先于消费，是冒风险把未来的收益成倍增加，从而有可能实现财富的成倍增长，这样财富的雪球就会滚动起来。

2 投资理财亲子小游戏

　　小小经常和爸爸妈妈玩一种投资消费的棋类游戏。棋盘上有很多国家，当你走到一个国家时可以根据标明的价格购买该国的土地；再经过此处时可以花钱盖房子、建旅馆，这当然需要花费更多的金钱；当其他人走到此处时，就要支付过路费给土地所有者。棋盘里还有自来水厂、电力公司、飞机场等，这些地方是不能建房子的，但也有过路费。在你没钱的时候，房屋和旅馆可以按半价直接卖给银行，土地也可以按半价抵押给银行。如果玩家变卖所有的资产后还有负债没有还清，就只能宣布破产，被淘汰出局，最后一个没有破产的玩家胜出。为避免长时间没有人破产而无法决出胜负，我们可以在游戏开始前就预设好游戏结束时间，看看最终谁的资产最多谁就获胜。游戏里还有机会和命运卡，当你走到待定位置时，就可以随机抽取一张，有的时候能中奖得到额外的资

金，有的时候要按要求消费并扣钱，就要看运气好不好了。

通常玩游戏的时候，爸爸充当银行家，小小和妈妈是竞争对手。刚开始玩的时候要先熟悉一下游戏规则，每人发放少量初始资金即可。

游戏开始了，爸爸给每人发了 3000 元启动资金。先扔骰子，按大小决定谁先走，小小扔的点数比妈妈的大，在棋盘上按逆时针方向先走。每次走的步数也要根据扔的骰子点数来决定。这次小小扔了 5 个点。

"1，2，3，4，5，我走到了'夏威夷机场'。"小小兴奋地说。

"要不要买下机场？"妈妈问。

"不买，这要花费 2000 元呢。"小小毫不犹豫地回答。

轮到妈妈扔骰子了，扔了 3 个点，走到了"机会"这一格，随机抽了一张机会卡片，翻开一看，小小哈哈大笑，只见上面写着"到迪士尼游玩花掉 600 元"。

"快付 600 块钱。"小小有点幸灾乐祸。

游戏刚开始，妈妈就损失了 600 元，运气较差的妈妈只好把 600 元交到银行家爸爸手里。

小小再扔骰子，这次扔了 6 个点，走到了"电力公司"这一格，要不要买呢？只需要花 1200 元就可以拥有一家电力公司，这可比"夏威夷机场"便宜不少，但是看看手里仅有的 3000 元，买了公司之后就只剩下 1800 元了，小小犹豫了很久最终还是决定不买了。

"算了，我还是不买了，等我后面赚了钱再买。"小小放弃了这次投资机会。

轮到妈妈了，妈妈扔了 4 个点，走到了"所得税"这一格。

"哈哈，快付钱，妈妈你的运气太差了。"小小肚子都要笑痛了。

被所得税又扣去了700元，才走了这么几步妈妈已经损失了1300元，但是妈妈依然很冷静。

又轮到小小了，这一次小小走到了"机会"这一格。

翻开一张机会卡片一看，小小高兴地跳起来了："哇，银行付你利息得500元！啦，啦，啦……"妈妈和小小的差距越来越大，小小有点得意忘形了，甚至开始唱起了胜利的歌谣。

小小现在的资产已经增加到3500元，把妈妈甩得远远的。

轮到妈妈了，这一次妈妈走到了"电力公司"这一格，妈妈很果断地花了1200元钱买下了这家公司。

"妈妈，你现在只有500元现金了，你要输了。"小小刺激妈妈道。

"这样是有点冒险，不过谁输还不一定呢。"妈妈看起来很淡定。

游戏继续进行，小小依然没有投资买入任何地产，有时运气差点还要支付罚款或其他花费，手中的钱越来越少。而妈妈自从买了电力公司后时来运转，偶尔还会获得一些奖励，手里的钱越来越多，现在小小和妈妈的差距在不断缩小。小小有点着急了。

"不算，这个不算，我重新扔。"小小开始耍赖皮了。

原来这次小小走到了妈妈购买的电力公司，按照游戏规则，当对手经过电力公司时需要按所扔骰子点数乘以100后所得的钱数支付过路费给所有者。小小扔的骰子点数是6，按照这样计算，小小要支付给妈妈600元钱，所以小小不愿意了，开始耍赖皮了。

"不行，我们得按照游戏规则来，否则我们就没有必要玩下去了。"妈妈没有同意小小的做法。

"那好吧。"小小极不情愿地将600元钱交到妈妈手里。

　　游戏接着进行，几个回合下来，小小手中的钱已经所剩无几，又没有地产可供抵押只好宣布破产。这样的结果让小小有点垂头丧气，妈妈开始安慰小小。

　　"这个游戏模拟了现实生活，给了我们一些启示：有钱的时候，不能抱着钱不放手，这样钱不会增值，要适时进行投资，盲目等待会失去好时机。"妈妈给小小分析了这次游戏失利的原因，"就像你先走到电力公司却没有购买，就失去了一个投资的好时机。"

　　"投资有收益也有风险，妈妈在买过电力公司后，所剩现金已经不多，万一碰到罚款或其他需要支付现金的情况，就只能半价抵押公司。如果依然不够支付所欠的债务只能直接破产。"妈妈继续分析，"其实妈妈做出购买公司的决定有点铤而走险，但也只能放手一搏，否则在一次次的回合里所有资金都会消耗殆尽。好在后面妈妈的运气不错，扳回了这一局。"

　　"妈妈，我好像有点明白了，要不我们再玩一次。"小小似乎重拾了信心。

　　这个游戏给了我们很多启迪：现实生活中的运气就像随机翻开的纸牌一样不可控，所以一旦有机会我们就要牢牢抓住；游戏就是生活，要学会打理自己的财富。

　　首先，有钱必须投资。游戏中有很多方法可以增加财富，比如游戏走过一圈，会有一些固定的津贴收入，但是要想让财富持续增长，就一定要进行投资，否则这期间要交纳的过路费、所得税等等会像现实生活中的各种花费及通货膨胀一样，慢慢将财富消耗掉。不投资，财富会快速缩水。

其次，掌控现金流。游戏中凡走到的地方，只要还没有人拥有，只要现金流充裕，就可以把这个地方买下来投资。但这也要把控好一个度，否则你可能忽然间就发现自己手上已经没有余钱支付各项花费了。现实生活中，破产的先兆往往就是出现现金流危机。合理分配资产，预留一些资金进行周转，这点相当重要。

让孩子了解商品并不是售价高，利润就多，要考虑到支出的减少也是增加利润的途径，这有助于培养孩子统筹规划、综合决策的能力。

这个订单能接受吗？

涵涵爸爸租用门面房卖商品，需要在 3 个月内把 1000 件单价 100 元的商品全部售完，门面房每月租金 2000 元。但是有一天某商店的采购员向涵涵爸爸订购了 500 件商品，并且对他说："如果每件降价 2 元，我就多订购 100 件。"涵涵爸爸在心里盘算了一下："如果这次销售了 600 件商品，我 2 个月就可以完成任务了，可以少交 1 个月的房租。"究竟这个订单能不能接受呢？

答案：

这个订单能接受。

解析：

表面上看这个订单少赚了 1200 元（600×2=1200），但是两个月就可以完成任务，从而可以少交一个月房租费 2000 元，所以还是比原先多赚了 800 元。

理财须稳健

1 银行家的故事

　　很多人或许不知道阿马迪·贾尼尼，但肯定知道美国的美洲银行（现已改名为美国银行）。在 20 世纪四五十年代，它曾是美国规模最大的商业银行，也是美国第一家为普通百姓提供金融服务的银行，而它就是由意大利裔银行家阿马迪·贾尼尼一手创立的。如果没有贾尼尼在银行业发起的革命，银行服务还只是少数富人享用的"奢侈品"。鉴于其对银行业发展的突出贡献，人们称他为"现代银行业之父"。

　　贾尼尼出生在美国加利福尼亚州的一个意大利移民家庭，父亲是个小农场主，日子虽然很辛苦，但还过得去。但是天有不测风云，有一天，同村的一个葡萄农，因为还不起贾尼尼父亲的 1 美元借款，竟然开枪打死了贾尼尼父亲。这件事情给年幼的贾尼尼留下了不可磨灭的心灵创伤，而他在成为银行家后坚决反对放高利贷，便与此有着直接联系。

后来贾尼尼的母亲和继父开了一家经营水果和蔬菜批发的商行，为了减少中间环节，降低进货价格，贾尼尼亲自跑到农家去收购果蔬。在农作物未采收之前就与农民订立收购契约，虽然要先付一部分定金，但采购价格却要便宜得多，这种做法是一个了不起的创举。农民也很乐意，因为既得到了定金，农作物的销路也有了保证，还可以减少气候突然变化造成的损失。在这种契约买卖的过程中，贾尼尼深感农民的贫苦。他们为了买农具和种子，经常不得不将农田作为担保物，向高利贷者借钱，因为银行不肯贷款给贫苦的农民。由此，贾尼尼萌生了向这些农民提供贷款的念头，他的想法是不收利息，用贷款的形式取得下一季收成的买卖契约，这便是他最初的"农民银行"的构想雏形。

后来凭着岳父留下来的股份，贾尼尼进入哥伦布银行当了董事。来到哥伦布银行后，他和银行的创建者经常因意见不合发生争执，他们对银行经营方针的看法相去甚远，最终贾尼尼决定自己开一家银行。贾尼尼认为，只有把这些农民作为贷款对象，他未来的银行才能有立足之地。

于是，贾尼尼和朋友商定合股开办银行，股东只占三分之一股份，其余三分之二的股份在鱼贩、菜贩、农民这些普通民众中募集。因为募股的对象以意大利移民为主，因此银行名字就叫意大利银行。在他的银行里，小业主和农民能够不用担保就获得低额贷款。这个做法无疑扶持了农民和小业主，这些人一旦赚了钱，又会成为意大利银行的忠实储户。

1906年，旧金山发生了举世震惊的大地震。由于地震来得突然，造成了巨大的灾难性后果，但幸运的是，意大利银行所在之地并没遭到很大损失。贾尼尼亲自监督，将银行8万元现金转移到了安全地带，这次成功转移，为银行灾后恢复营业奠定了良好基础。灾后，商人们要求银

行发放贷款，但银行为了自身的安全，却不肯这样做，只有意大利银行露天营业，不受地震影响。由于地震引起的火灾，当时前来存款的人比取款的人还多，人们认为钱还是存在银行比较保险。经过这次事件，意大利银行从一家小银行发展成为众人皆知的大银行。

在 20 世纪初，美国爆发了历史上最严重的经济危机。经济危机像瘟疫一样迅速传播开来，储户纷纷提取存款，形成雪崩之势，一发不可收拾。意大利银行侥幸逃过这场危机。后来贾尼尼惊异地发现，旧金山只有一家银行没有受到影响，那就是加拿大银行。为此他专门前去考察，并发现了其中的奥秘：原来加拿大银行在全国设立分行，形成一张网，从全国各地吸收存款汇集到总行，这样，银行就具有很大的机动支配能力。贾尼尼恍然大悟：一定要有自己的分行网！随后，他逐步收购、兼并一些经营不善的地方性商业银行，将意大利银行分行发展到 24 家，成为全美最大的分行制银行。

1928 年贾尼尼积劳成疾，回到意大利米兰休养，但他始终密切地关注着华尔街的动向。一天，贾尼尼突然看到一条新闻：贾尼尼的控股公司纽约意大利银行的股票暴跌了 50%，加州意大利银行的股票亦出现 36% 的跌幅。原来，意大利银行收购旧金山自由银行之后，金融巨头摩根怀疑贾尼尼野心勃勃要控制全美国的银行业，因此在摩根的操纵下，纽约联邦储备银行以意大利银行涉嫌垄断为由，强迫贾尼尼卖掉公司 51% 的股权，私下里摩根财团则暗暗吸纳了意大利银行的股份。

而贾尼尼迅速又果断地开展行动，他注册成立了一家新公司——泛美股份有限公司，该公司的最大股东就是意大利银行。但由于它的股票分散在大量的小股东手里，因而外人很难再怀疑它有垄断嫌疑。他们再以这家公司的名义，把他人控制下正在暴跌的意大利银行的股票低价买进，这样一来，便挫败了摩根财团等欲置意大利银行于死地的阴谋。意大利银行不仅没有垮掉，而且发展越来越壮大。贾尼尼在晚年的时候，终被推上"全美第一银行家"的宝座，成为改写美国金融历史的巨人之一。

拓展阅读：

中国人自办的第一家银行

1897年5月27日由盛宣怀创办的中国通商银行，是中国人自办的第一家银行，也是上海最早开设的华资银行。盛宣怀是第一个向清廷建议用"西洋思维"改变传统金融业的人。鸦片战争以后，西方国家纷纷在中国设立银行，而中国也需要有自己的银行来调配资金。1896年11月，盛宣怀向清廷建议："铸银币、开银行两端，实为商务之权舆……要振兴实业，非改革那些资本小、范围狭的金融机构、钱庄、票号、银号不可。"12月7日，清帝正式批准盛宣怀"招商集股，合力兴办"银行。除发钞外，中国通商银行还代收库银，全国各大行省先后设立分行，遍及北京、天津、保定、烟台、汉口、重庆、长沙、广州、汕头、香港、福州、九江、常德、镇江、扬州、苏州、宁波等处，业务极一时之盛。1900年，八国联军攻占北京，京行首遭焚毁，天津分行亦随之收束，业务渐告不振。到1905年只剩下北京、汉口两个分行和烟台一个支行了。

2 储蓄为先

今年春节，小小共收到 1000 元压岁钱。平时，小小在领到零花钱后，都会拿出一部分存起来。他有一个小猪存钱罐，硬币等小金额的零钱就存到这个罐子里，大额纸币就一张张整理好放到自己的钱包里。可最近不知怎么了，小小的钱包经常找不到，有时还是妈妈帮着从沙发下面扫出来。有次妈妈还从书桌下的箱子里找到两张十元纸币。妈妈跟小小说了这件事，建议他把钱存到银行里。

妈妈说："我们周末到银行，把钱存进银行怎么样？"

小小充满疑惑地问："为什么我们的钱要存到银行里面呢？"

"因为钱放在银行里才安全啊。"

"那我可以随时把钱取出来吗？"

妈妈点点头："当然可以，并且银行还会多给你钱。"

"钱还会变多？"

"对，比如你在银行存 1000 元，存了一整年，银行会多给你 5 元，这就是利息，这样你就有 1005 元了。"

接着妈妈又告诉小小利息是怎么计算的。计算利息的方法有单利和复利两种。单利是只对本金计算利息，具体的计算公式是：利息 = 本金 × 利率 × 时间。复利是指每经过一个计息期后，将所生利息加入本金，再计算下期利息。利率又分为固定利率和浮动利率。固定利率是指在借贷期内不做调整的利率，这是一种传统方式。浮动利率是指在借贷期内可定期调整的利率。它因计算复杂而多用于 3 年以上的借款，例如房贷。

小小继续问："钱只要存在那里就可以了？"

妈妈说："是的。"

"银行为什么要给我们利息？"

"银行利用我们存入的钱赚钱，就要支付给我们利息作为回报。"妈妈解释道。

"用我们存入的钱赚钱是什么意思？"小小还是有些不明白。

妈妈接着解释道："我们存钱后，银行就可能把这些钱借给需要用钱的企业或个人，借钱的人会付给银行利息，就像银行向你借钱要付你利息一样。比起支付给存款人的利息，把钱借出去之后，收取的贷款利息的金额更大，银行挣的就是这个差价。"

有人会到银行存钱，有人会向银行借钱，银行是连接存款人和借款人的桥梁。人们可以向银行贷款买房、建工厂、开店等，但需要向银行提供房屋、工厂等资产来做抵押担保。在无法还贷的情况下，抵押物将

归银行所有。

"如果银行把所有的钱都借出去，不就能赚到更多的钱了？"小小的脑袋瓜飞速地转动。

妈妈摇摇头："如果把银行里的钱都借出去，当我们去银行取钱的时候，银行就没有钱给我们了，为了防止这种事情的发生，世界各国都建有中央银行，来管理其他的银行。我国的中央银行就是中国人民银行。"

"哦。"小小似懂非懂。

"另外，把钱放在家里，钱不仅不会变多，而且很可能会弄丢，或是破损。而这些损失都得你自己承担。"妈妈补充说。

小小警觉起来，他打算和妈妈一起去银行把零花钱存起来，这样可以保障零花钱的安全，还可以使钱变多。

"现在看来，把钱存入银行，比存进存钱罐更好。"

"也不能这么说，只有1元、2元的时候，我们不会跑到银行去存，而是把钱放到存钱罐里，存钱罐虽然没有利息，不过可以让你养成存钱的好习惯。"

周末，小小和妈妈来到银行，取号后，就坐在椅子上等着。这时候小小听到一个叔叔在和银行柜台的工作人员说要存10万元。

"10万元！"小小有些吃惊，"存这么多呀。"

接下来看到的更是让小小充满了疑问。

"咦？怎么只有薄薄的一张纸呀？"小小有些纳闷，"那位叔叔分明说是要存10万元的……"

"这是现金支票。"妈妈说。

"现金支票？"

"是的，10万元现金，也就是1000张面值100元的纸币。带在身上，不仅携带不方便，而且还很危险。现金支票携带方便，可以起到和现金一样的作用。"

知识链接：

支票是出票人签发的，委托办理支票存款业务的银行或者其他金融机构在见票时无条件支付确定的金额给收款人或者持票人的票据。支票分为普通支票、现金支票、转账支票3种。

现金支票只能用于支取现金，它可以由存款人签发用于到银行为本单位提取现金，也可以签发给其他单位和个人用来办理结算或者委托银行代为支付现金给收款人。现金支票提示付款期限为10日，若客户开出的现金支票超过付款期，开户银行不予受理。现金支票不能背书转让；现金支票遗失，失票人需要挂失止付。

转账支票只能用于转账，它适用于存款人给同一城市范围内的收款单位划转款项，以办理商品交易、劳务供应、清偿债务和其他往来款项结算。

普通支票可以用于支取现金，也可以用于转账。但在普通支票左上角画两条平行线的，为划线支票，只能用于转账，不能支取现金。

待叫号机叫到自己时，小小走到银行柜台前对工作人员说要存款。工作人员告诉小小，银行存款的种类很多：像活期存款虽然利息不会很多，但是可以随时把钱取出来用；定期存款利息最高，但是要一次把钱存入银行，并且存满一定期限才能够取出，如果提前支取的话只能按活期利率计息；零存整取的利息比活期存款高，但低于定期存款，需要每个月存入定额资金，到期可以支取。

"那我都存定期，这样我赚钱的速度就是最快的了。"小小迅速就判断出哪种存款对他最有利。

妈妈告诉小小："定期存款虽然利息较高，但不能在需要时随时取出来，所以不太适合你。零存整取需要你每个月到银行存入定额的钱，你现在还没有固定收入，这个也不适合你。活期存款是不定金额、不定期限的，可以像存钱罐一样，一点点地积累，让里面的钱越变越多，当你有需要的时候，还可以随时从银行里取出来用。"

就这样，小小在银行办好了他的第一笔存款。但在家里的小猪存钱罐里还留了几十元硬币，因为有时会需要现金周转一下。

个人在投资理财时，通常离不开储蓄这个最基本的投资工具，和其他理财方式相比较，储蓄的风险最低，因此收益也较低。那么我们如何让储蓄收益最大化呢？

虽然存款看似没有什么技术含量，可是里面有很多技巧，如果能灵活运用这些技巧，同样可以取得比较高的收益。比如月光族，应该为自己开设一个零存整取账户，为自己订立一个每月存多少钱的计划，按时存入该账户。采用这样的方式就可以使储户养成硬性储蓄的习惯。在养成了储蓄的习惯后，再适当增加一些储蓄的品种，学习一些技巧让自己的储蓄收益达到最大化。

阶梯储蓄法

阶梯储蓄法就是将存款金额均分后把存单时间一年一年延长，像台阶一样，一步一步往上走。比如，我们可以将 5 万元分成 5 等份，存为定期，存期分别设置为 1 年、2 年、3 年、4 年、5 年。1 年后，将到期的那份 1 万元再存为 5 年期的；2 年后，2 年定期的存单也到期了，将到期的 1 万元再存为 5 年期的；其余的以此类推。等到 5 年后，我们手中所持有 5 张存单则全都成了 5 年期的，只是到期的时间有所不同，依次相差 1 年。采用这样的储蓄方法可以让年度储蓄到期额达到平衡，在需要的时候拿出其中一笔，而不影响其他四笔的 5 年期存单利息。这种储蓄方法具有较强的计划性与灵活性，既能应对存款利率的调整，又能获取相对较高的定期存款利息。

四分储蓄法

四分储蓄法顾名思义就是将储蓄分成四份，并且是分成金额不等的四份。比如有 1 万元需要储蓄，但又不知道什么时候急用，也不知道用的时候要用多少，我们可以将其分存成 4 张定期存单，每张存单金额可以分为 1000 元、2000 元、3000 元和 4000 元，将这 4 张存单都存为一年的定期存单。采用这种方式，如果我们在一年内需要动用 4000 元，那么只要支取 4000 元的存单就可以了，这就避免了"牵一发而动全身"，很好地减少了由此而造成的利息损失。

自 动 转 存

现在，各银行都有自动转存这项服务。我们在储蓄的时候，可以和银行约定自动转存，这样做的好处就是它可以避免存款到期后未及时转存，逾期部分按活期计息的损失。另外，如果存款到期后正遇上了利率下调，当初没有约定自动转存的，再存的时候就会按下调后的利率计息，如果之前预定自动转存的，就能按下调前较高的利率计息。如到期后遇到利率上调，我们也可取出后再存，同样能享受到调高后的利率。

通 知 储 蓄 存 款 存 储

这类存款的适用对象主要是近期要支用大额活期存款（个人通知存款的最低存款金额为 5 万元），可是又不明确具体支用的日期的储户，比如私营企业老板。他们的进货资金、炒股时持币观望的资金或是节假日股市休市时的闲置资金都是适用通知储蓄存款存储的。对于这样的资金，可以将存款时间定为 7 天，即 7 天通知存款。这类存款必须提前 7 天通知约定支取存款，也就是说在存款的当日即通知银行可能 7 天后要使用该存款，然后只要存满 7 天，即可按 7 天通知存款的利息计息。

拓展阅读：

我国银行业金融机构知多少？

根据银监会发布的数据，截至 2015 年底，我国银行业金融机构包括 3 家政策性银行、5 家大型商业银行、12 家股份制商业银行、133 家城市商业银行、5 家民营银行、859 家农村商业银行、71 家农村合作银行、1373 家农村信用社、1 家邮政储蓄银行、1 家中德住房储蓄银行、1311 家村镇银行、48 家农村资金互助社等。

一、3 家政策性银行

政策性银行，即由政府创立、参股或保证，不以营利为目的，专门为贯彻、配合政府社会经济政策或意图，在特定的业务领域内，直接或间接地从事政策性融资活动的机构。有国家开发银行、中国进出口银行、中国农业发展银行。

二、5 家国有大型商业银行

国有商业银行是指由国家（财政部、中央汇金公司）直接管控的商业银行，包括中国工商银行、中国建设银行、中国银行、中国农业银行、交通银行。虽然数量不多，但是体量庞大，占

到中国银行业总盘子的 40% 左右，可谓银行业的"定海神针"。

三、12 家全国性股份制商业银行

这 12 家全国性股份制商业银行是招商银行、中信银行、光大银行、华夏银行、浦发银行、兴业银行、民生银行、平安银行、广发银行、恒丰银行、渤海银行、浙商银行。

四、133 家城市商业银行

20 世纪 90 年代中期，中央以城市信用社为基础，组建城市商业银行。城市商业银行是中央金融主管部门整肃城市信用社、化解地方金融风险的产物。包括北京银行、宁波银行、南京银行、江苏银行等。目前，不少城商行的总资产规模都超过了 1 万亿元，超越了全国性股份行中的一些银行。

五、5 家民营银行

这 5 家民营银行是前海微众银行、天津金城银行、温州民商银行、浙江网商银行、上海华瑞银行。此外，2016 年来又有多家民营银行获批。

六、859 家农村商业银行

我国农村商业银行数量由 2011 年末的 212 家增加至 2015 年

末的859家。在这859家农村商业银行中，重庆农村商业银行、成都农商银行、北京农商银行、上海农村银行、广州农商银行等总资产规模已经在5000亿～8000亿元规模区间。

　　让孩子知道如何计算银行存款利息，了解投资的时间价值会给资本带来增值，不同的理财方式会导致资本增值程度的不同。要善于利用理财工具，主动理财。

怎样存款最划算？

形形的表姐是一个外企员工，每月工资都打入工资卡，除去日常的开销外每月还有 1000 元剩余。形形的表姐疏于理财，每月剩余的钱就以活期存款（年利率 0.3%）的形式放在工资卡里。如果你帮助形形的表姐理财，将每月剩余的钱以零存整取（年利率 1.35%）的方式存入银行，会多得多少利息？

答案：

会多得 68.25 元利息。

解析：

按照每月剩余多少钱就留在银行卡里多少钱作为活期存款的储蓄方式，相当于第一个月剩余的 1000 元在银行里存了 12 个月，第二个月剩余的 1000 元在银行里存了 11 个月……第十二个月剩余的 1000 元在银行里只存了 1 个月。按照活期存款年利率 0.3% 计算，一年以后的利息是 $1000 \times 0.3\% \times 12/12 + 1000 \times 0.3\% \times 11/12 + \cdots + 1000 \times 0.3\% \times 1/12 = 19.50$ 元。而如果以零存整取的形式每月将 1000 元存入银行，按照零存整取年利率 1.35% 计算，一年以后的利息是 $1000 \times 1.35\% \times 12/12 + 1000 \times 1.35\% \times 11/12 + \cdots + 1000 \times 1.35\% \times 1/12 = 87.75$ 元。所以一年以后多得的利息是 $87.75 - 19.50 = 68.25$ 元。

理财须稳健

3 巧用信用卡免息期

从消费的角度来说,合理负债可以减少自己的支出。由于物价上涨,手中的钱会越来越不值钱,负债消费可以将物价上涨带来的损失部分转嫁出去,这就是利用了财务杠杆。我们在需要资金临时周转时,也可以充分利用信用卡的免息还款期,适度负债。

知识链接:

在物理学中,利用一根杠杆和一个支点,就能用很小的力量抬起很重的物体,而财务杠杆是在筹资中适当举债,调整资本结构给企业带来额外收益。只要企业投资收益率大于负债利率,

财务杠杆作用会使得资本收益由于负债经营而增加绝对值，从而使得权益资本收益率大于企业投资收益率，且产权比率（债务资本／权益资本）越高，财务杠杆利益越大。若是企业投资收益率等于或小于负债利率，那么负债所产生的利润只能或者不足以弥补负债所需的利息，甚至利用权益资本所取得的利润都不足以弥补利息，而不得不以减少权益资本来偿债，这便是财务杠杆损失的本质所在。

五一劳动节到了，各大商场、超市都在打折促销，妈妈带着小小到超市买东西，想让小小了解一下信用卡的知识，所以妈妈准备这次不用储蓄卡而用信用卡消费。

知识链接：

信用卡是银行发行的给予持卡人一定信用额度，持卡人可在信用额度内先消费后还款的电子支付卡。对于非现金交易，从银行记账日起至到期还款日之间的这段时间为信用卡的免息还款期。在此期间，只要全额还清当期账单上的应还金额（总欠款金额），便不用支付任何由银行先垫付给商店的非现金交易资金利息。

到结账的时候，妈妈拿出了信用卡。

"妈妈，我们买了这么多东西，你这卡里的钱够付吗？"小小有点替妈妈担心。

"这卡里没有钱。"

"没有钱？那我们怎么还买这么多东西？"小小瞪大了眼睛。

"妈妈这张卡是信用卡不是储蓄卡。"

"储蓄卡里必须要有钱才能买东西，信用卡里面可以没有钱买东西？"小小有些疑惑。

"是的，小小真聪明，信用卡是有信用额度的，在信用额度内可以先消费后还款。"妈妈解释说。

"反正还是要还款的，那这样对我们来说有什么好处呢？"小小依然有些不明白。

"当然有好处了，我们从今天开始算起一直到银行规定的还款日，都可以不用支付利息。"

"哦，我明白了，如果我把这一部分暂时没有动用的钱存到银行，银行会给我们利息，我们就赚了。"

接着，妈妈又给小小讲了什么是账单日、还款日，以及免息期是如何计算的。

"那你帮我算一下如果我到期还款，可以免去多少天的利息。"妈妈想考考小小。

"我们这张卡的账单日是每月的 1 日，而还款日是每月的 25 日，今天是 5 月 1 日，银行的记账日是从消费的第二天开始，这样我们今天的这笔消费肯定是不会出现在 5 月 1 日的账单上的，而是会出现在 6 月 1

日的账单上，我们最迟可以在 6 月 25 日归还，这样算起来就有 56 天的免息期。"小小细细地盘算了一下。

"太厉害了。"妈妈对小小竖起了大拇指。

"那我们如果在 4 月 30 日消费，你再算一下可以免多少天的利息。"

"这还不容易，消费记录将出现在 5 月 1 日的账单上，最迟到 5 月 25 日就要还。这样算起来就有 25 天的免息期。"

"发现了它们的差距了吗？"妈妈提示小小。

"早刷了 1 天卡，免息期就少了 31 天。"小小立即明白了。

"所以，我们在资金紧张的时候可以充分利用这个免息期进行消费，还不用多支付利息费用哦。"

知识链接：

　　账单日，就是发卡银行每月定期对持卡人的信用卡账户当期发生的各项交易费用等进行汇总结算，并结计利息，从而计算出持卡人当期应还款项的日期。每家银行的账单日不同，有的甚至可以自行选择账单日。

　　还款日，就是持卡人必须还款给银行的日子。每家银行的信用卡还款日日期也不相同，一般为账单日后的第 20 ～ 25 天。信用卡免息期就是账单日到还款日之间的时间，一般是 20 ～ 25 天，不过，由于持卡人的消费日期不同，就会出现 20 ～ 56 天长度不同的免息期。

理
财
须
稳
健

比较信用卡分期付款和消费贷款在计算利息上的差异，要善于利用不同的理财方式使支出的成本最低。

用信用卡分期付款还是消费贷款？

佳佳妈妈准备购买 5 万元的家用中央空调，采用信用卡分期付款分 12 期付款，手续费率按 7.2% 收取，现行银行一年期贷款基准利率为 4.35%，一般银行的消费贷款利率基本是上浮 30% ～ 50%，不知是采用信用卡分 12 期付款划算还是采用一年期的消费贷款划算。

答案：

采用银行消费贷款划算。

解析：

目前银行在信用卡分期手续费收取上有两种方式，一种是分期收取，另一种是一次性收取。如果申请一次性收取，手续费率为7.2%，则一次性收取3600元的手续费（利息），第一个月偿还本金4166.67元，合计第一个月偿还7766.67元，此后每月偿还4166.67元。如果是分期收取，每期手续费率则是0.6%，则每月偿还手续费300元，加上每月偿还的本金4166.67元，每月还款总额为4466.67元。因此，在总还款额相同的情况下，分期收取手续费的方式，首月还款压力小于一次性收取手续费的方式。

若选择个人消费贷，由于银行目前基准利率1年内为4.35%，1年至5年为4.75%。一般银行的消费贷款利率基本是上浮30%～50%，如果按上浮50%计算，一年期贷款利率是6.525%，在同样的条件下消费者只需要偿付3262.5元利息，比信用卡分期少支付利息337.5元。

但是对于消费者来说贷款申请起来周期长，流程烦琐，审批严格，比较麻烦。很多时候，申请消费贷款还需要申请人提供较多的证明文件，甚至提供抵押、担保等。

4 人民币的以旧换新

　　星期天，妈妈带着小小到菜场买菜，买了排骨，要付钱的时候拿出 100 元钱，卖菜的人说钱缺了一个角，让妈妈换一张纸币。不得已，妈妈只好到附近的银行去兑换纸币。

　　到了银行柜台，银行工作人员拿着残缺的人民币看了一下，并用手识别了一下真伪说："这张纸币票面剩余四分之三以上，可以按原面额全额兑换。"接着工作人员换了一张完好的 100 元递给了妈妈。

　　凡办理人民币存取款业务的银行营业网点都有为市民无偿兑换残缺、污损人民币的义务。也就是说，市民可以到全市任何一家商业银行免费兑换残损币。根据中国人民银行公布的《中国人民银行残缺污损人民币兑换办法》，残缺污损人民币有两种兑换标准——全额兑换、半额兑换。全额兑换：能辨别面额，票面剩余四分之三（含四分之三）以上，其图

案、文字能按原样连接的残缺、污损人民币，金融机构应向持有人按原面额全额兑换。兑换一半：能辨别面额，票面剩余二分之一（含二分之一）至四分之三以下，其图案、文字能按原样连接的残缺、污损人民币，金融机构应向持有人按原面额的一半兑换；纸币呈正十字形缺少四分之一的，按原面额的一半兑换。

知识链接：

中国人民银行残缺污损人民币兑换办法

第一条 为维护人民币信誉，保护国家财产安全和人民币持有人的合法权益，确保人民币正常流通，根据《中华人民共和国中国人民银行法》和《中华人民共和国人民币管理条例》，制定本办法。

第二条 本办法所称残缺、污损人民币是指票面撕裂、损缺，或因自然磨损、侵蚀，外观、质地受损，颜色变化，图案不清晰，防伪特征受损，不宜再继续流通使用的人民币。

第三条 凡办理人民币存取款业务的金融机构（以下简称金融机构）应无偿为公众兑换残缺、污损人民币，不得拒绝兑换。

第四条 残缺、污损人民币兑换分"全额""半额"两种情况。

（一）能辨别面额，票面剩余四分之三（含四分之三）以上，其图案、文字能按原样连接的残缺、污损人民币，金融机构应向持有人按原面额全额兑换。

（二）能辨别面额，票面剩余二分之一（含二分之一）至四分之三以下，其图案、文字能按原样连接的残缺、污损人民币，金融机构应向持有人按原面额的一半兑换。

纸币呈正十字形缺少四分之一的，按原面额的一半兑换。

第五条　兑付额不足一分的，不予兑换；五分按半额兑换的，兑付二分。

第六条　金融机构在办理残缺、污损人民币兑换业务时，应向残缺、污损人民币持有人说明认定的兑换结果。不予兑换的残缺、污损人民币，应退回原持有人。

第七条　残缺、污损人民币持有人同意金融机构认定结果的，对兑换的残缺、污损人民币纸币，金融机构应当面将带有本行行名的"全额"或"半额"戳记加盖在票面上；对兑换的残缺、污损人民币硬币，金融机构应当面使用专用袋密封保管，并在袋外封签上加盖"兑换"戳记。

第八条　残缺、污损人民币持有人对金融机构认定的兑换结果有异议的，经持有人要求，金融机构应出具认定证明并退回该残缺、污损人民币。

持有人可凭认定证明到中国人民银行分支机构申请鉴定，中国人民银行应自申请日起5个工作日内做出鉴定并出具鉴定书。持有人可持中国人民银行的鉴定书及可兑换的残缺、污损人民

币到金融机构进行兑换。

第九条　金融机构应按照中国人民银行的有关规定，将兑换的残缺、污损人民币交存当地中国人民银行分支机构。

第十条　中国人民银行依照本办法对残缺、污损人民币的兑换工作实施监督管理。

第十一条　违反本办法第三条规定的金融机构，由中国人民银行根据《中华人民共和国人民币管理条例》第四十二条规定，依法进行处罚。

第十二条　本办法自 2004 年 2 月 1 日起施行。1955 年 5 月 8 日中国人民银行发布的《残缺人民币兑换办法》同时废止。

在银行等待的时候，小小突然发现一个以前没有见过的机器，就问妈妈："这是干什么用的？"

"这是硬币兑换机，你携带太多的硬币，嫌麻烦时可以把硬币兑换成纸币。"

"我不知道银行居然可以把硬币换成纸币。"

"你在商业银行各营业网点都可以进行零钞兑换，可以把小钱换成大钱，也可以把大钱换成小钱。"

"我小猪存钱罐里的硬币都快盛满了，我要把它们换成大钱。"

小小兴冲冲地跑回家拿来了小猪存钱罐，自己把硬币放进硬币兑换机里换成了几张十元的纸币。

商业银行各营业网点的柜台都有向公众免费提供零钞兑换的服务。如果客户只有少量的零钞需要兑换，可以直接到银行的硬币兑换机上完成。硬币兑换机看起来比 ATM 机要大，它由两台机器组成，一台负责把硬币换成纸币，一台负责把纸币换成硬币。硬币兑换纸币时只需在屏幕上点击"开始兑换"，待储币斗打开后，将需要兑换的硬币放入其中。随后储币斗合上并开始清点，清点完毕后，出钞口吐出相应面额的纸币。单次投放不得少于 10 元，最多可投入 200 枚硬币。硬币兑换机接受 1 元、5 角、1 角硬币，不接受分币；可兑换出 5 元、10 元、20 元、50 元面值的纸币，多余的硬币（不足 5 元的部分）或不能识别的将被退回。在硬币兑换机上也可以完成纸币兑换硬币的业务。

5 无处不在的移动支付

随着信息工具的发展，现代社会已经进入无现金支付的时代，出现了移动支付。在我国，现在常用的移动支付工具是支付宝与微信支付。店员只需扫付款码就可以完成支付，无须找零，使得消费者无须携带钱包，只需随身携带手机即可。移动支付的高效、便捷不言而喻，它已经慢慢地渗透到了生活的方方面面，慢慢地演变为一种生活方式。

小小今天从学校回来，带来了一张报刊订阅表。

"妈妈我们要订报刊了。"小小兴奋地说，"我要订《快乐科学》和《神探大揭秘》。"

平时小小就喜欢看一些科普读物和推理故事，所以这次要订这两本期刊妈妈并没有反对。

"好的，那你明天把钱带到学校交给老师。"妈妈拿出了 120 元钱准备给小小，并叮嘱道，"两本杂志一共115元，给你120元，不要弄丢了，还有5元找零记得带回来。"

"老师这次不让我们带钱过去，收钱、找零太麻烦，我们有班级支付宝账户，你把钱交到那里就可以了。"小小强调说，"班级QQ群里发了支付宝的账号。"

妈妈翻了一下QQ群的记录，果然找到了班级支付宝账号。"好吧，那我们就用支付宝转账给老师。"

平时妈妈也喜欢在网上购物，所以也有支付宝账户。支付宝账户须进行实名认证并且绑定银行账户，在手机上安装支付宝App后才可进行移动支付。于是妈妈打开手机上的支付宝，点击界面上的转账，然后选择转到支付宝账户，输入班级的支付宝账号，把要转账的115元输入，为了让对方明确是谁支付了这笔钱，以及这笔钱的用途，妈妈还在备注栏注明了姓名、学号及所订的期刊名称，输入密码后即转账成功。

支付宝除了可以转账付款外还可以通过扫码进行支付。移动支付在为消费者带来方便的同时，也有助于商家利用大数据收集顾客偏好、消费习惯等，进一步将消费体验优化升级。在资金安全保障层面，支付宝有24小时智能监控体系保障账户和资金安全，若支付宝账户经核实存在被盗且资金无法追回，支付宝会做出补偿。同时也可以申请支付宝的安全产品提高账户安全性。即便如此，从移动支付的用户端来看，还是存在一些安全隐患：用二维码支付出现了"木马"病毒植入，以收款码代替付款码，还有用支付截图持续消费一个月等。这些安全隐患是用户最担心的问题，这也是移动支付暂时无法完全取代现金支付的一个重要原因。

6 便捷的互联网理财

在支付宝中还有一个很实用的功能叫余额宝。余额宝是天弘基金专为支付宝打造的一款余额理财产品。我们可以把暂时不用的零钱转入余额宝，这实际上是购买了一款由天弘基金提供的名为"余额宝"的货币基金。转入余额宝的资金不仅可以获得定期存款的收益，还可以随时转出，转出的资金实时到达支付宝账户余额，具有活期存款的流动性，能够随时消费支付，非常灵活便捷。

小小的存款已经有5000多元了，妈妈想让他体验一下流动性较强的低风险互联网理财产品，于是和他协商。

"有一种理财方式叫余额宝，它的收益比银行活期存款利息要高，愿意尝试一下吗？"

"当然，当然。"小小想也没想就答应了。

"但是你要想清楚,这个理财产品只是低风险,并不是没有风险哦。"妈妈提醒小小。

"妈妈,有风险是什么意思?"小小不解地问。

"银行存款到期一定会归还本金还有利息,而理财产品不像银行存款,它不保证一定有收益的,可能连保本都做不到。"妈妈和小小解释银行存款和理财产品的区别。

"啊?这就是说我买100元的理财产品,可能到期了连100元也拿不到?这样谁还去买理财,还不如存在银行呢。"小小马上退缩了。

"我们要购买的理财产品主要投资国债、银行存款、有固定票息的债券等这些低风险的领域,理论上虽然存在亏损的可能,但从历史数据来看风险较低,本金亏损的可能性较低。并且收益是每天计算的,获得的收益自动作为本金,在第二天重新计算获得的新收益,类似于复利计息,所以投资收益基本上相当于银行三年期定期存款利息。"妈妈把理财产品的情况对小小做了进一步说明。

"如果我的钱都拿去购买理财产品了,那到临时要用的时候该怎么办呢?"小小有些为难。

"你可以随时将购买理财产品的钱从余额宝转出,或直接进行消费,并且余额宝是低门槛的理财产品,最低1元就可以投资。"

"1元?"小小有些不相信,"那我的钱可比1元多多了。"

"我拿2000元试一下。"小小决定把部分家当拿出来尝试一下,"妈妈,你给我开个户吧。"

"这可不行,"妈妈说,"你没到18周岁,不满足单独开户的条件,只能用妈妈的账户。"

　　"那我们可以合作购买这个理财产品，收益按比例分就可以了。"小小眼睛一转立马回答道。

　　"这个主意还不错。"妈妈也表示赞同。

　　妈妈用手机登录了支付宝，选择余额宝点击"立即开通"，并添加了银行卡，完成身份信息验证，然后将1万元转入了余额宝，其中有2000元是小小的。

　　"妈妈，看看我今天有多少收益。"上午刚转入余额宝，下午小小就嚷嚷着要看收益。

　　"别着急呀，"妈妈笑了笑，解释说，"今天是星期天，我们刚买的理财产品，下周二基金公司才进行份额确认，下周三我们就能在余额宝中看到收益。"

　　"哦，是这样啊。"小小说，"那我下周三再看吧。"

　　在煎熬中过了三天，"妈妈我们现在有多少钱了？"小小一放学回家就迫不及待地问。

　　"让我来看一下，"妈妈打开余额宝，"今天公布的每万份收益是0.6268元。"

　　"每万份收益是什么？"小小不解地问？

　　"余额宝货币基金每份1元，我们的余额宝里有10000元，就相当于10000份，每万份收益是0.6268元就表明我们今天的总收益是0.6268元。"妈妈接着说，"按照这样的收益计算，一年下来收益有200多元。"

　　"哦，经过一年，我会多得40多块钱。"小小在不停地盘算着，"这可比在银行存活期要多很多。"

收益计算公式如下：

余额宝确认金额 ÷10000× 当日万份收益 = 当天收益

只要存入余额宝的资金份额已确认，从确认当天开始计算，包括周末和节假日，每天都有收益。每万份收益并非一个固定值，而是每天都在波动，余额宝每天都会公布每万份收益，每天计算收益，将获得的收益自动作为本金，在第二天重新获得新的收益。

我们可以通过余额宝页面查询余额宝总额及历史累计收益总额，点击"收益""转入""转出"标签调整日期可查询明细。

正是由于余额宝的横空出世，拓展了大众理财的渠道，在余额宝强大的资金聚拢效应影响下，各大银行、第三方支付、基金公司纷纷推出类余额宝产品，即互联网"宝宝"以应对挑战，宝宝类理财产品数量达到70多只，比如兴业银行推出的"掌柜钱包"、中国工商银行推出的"薪金宝"、民生银行推出的"如意宝"、平安银行推出的"平安盈"等，第三方支付系京东推出的"京东小金库"、腾讯推出的"微信理财通"等，基金系博时基金推出的"博时现金宝"、广发基金推出的"广发钱袋子"等。目前，由于国内货币政策相当宽松，宝宝类理财产品的收益率直线下跌，从收益方面来看我们应该适时调整一下投资策略，购买其他的银行理财产品，但是考虑到流动性，我们还应该保留部分资金在宝宝类理财产品中。

银行理财

妈妈给小小普及过互联网理财知识后，见小小学习热情很高，决定趁热打铁，再给小小讲讲银行理财。

"我们用余额宝理财，收益率大约相当于在银行存3年定期，如果想要再高一点的收益率并且风险又低的话，我们可以购买银行理财产品。我们要根据自己的资金情况选择开放式理财产品或封闭式理财产品。"

"开放式？封闭式？"爱提问题的小小又有了新的疑问。

"这是按产品的存续形态来划分的，当你需要用钱的时候随时能够把理财产品变现的就是开放式理财产品；而封闭式理财产品只有在投资周期结束后才可以把原来投资的钱拿回来，收益也是投资结束后才可以获得，通常封闭式理财产品的收益高于开放式理财产品。"

"我们的余额宝理财不就是可以随时取出的吗？就和银行开放式理财产品差不多，"已经尝到了理财甜头的小小说，"所以这次我要把剩下不用的钱都用来买封闭式银行理财产品。"

购买银行理财产品是当前最流行的投资理财方式之一，其收益率较高，并且风险很小，但是起点较高，以前最低是 5 万元才可购买银行理财产品，现在更加亲民些，最低 1 万元即可购买。

"你现在只有 3000 元钱，这可不够哟。"妈妈故意为难小小。

"我们还和上次一样合作购买呗，到期后按比例分成。"小小不假思索地说。

"那好吧，"妈妈接着提醒小小，"银行理财产品和余额宝理财有些类似，也是不保证一定有收益的，一些非保本浮动收益型产品可能还无法保本。"

"可我既想要收益高一点，又想要风险低一点，该怎么办呢？"小小提出了他的想法。

"以前购买的银行理财产品，银行是承诺刚性兑付的，就是说保证本金和收益。现在虽然不能承诺刚性兑付，但是只要我们选择的理财产品是用于投资国债、央行票据和企业短期融资券的，或投资于同业存款、债券回购、同业拆借市场等这些低风险领域的，就基本上可以保证本金和收益，使我们的投资收益高于银行存款利息，并且风险还很低。"妈妈把银行理财产品的情况对小小做了进一步说明。

"怎么知道我们购买的这个理财产品的钱投资到哪里了呢？"小小追问。

"我们在购买前可以在银行网站查询理财产品的说明书，上面有资产的配置及配置比例。并且银行网站定期会对理财产品运作情况进行披露，理财产品到期，本金和收益会打入约定的银行账户。"

　　"现在关键是要根据我们的需求选好理财产品。"妈妈不紧不慢地说，"理财产品的存续时间长短不一，涵盖了3个月、6个月、1年乃至更长时间。我们的这笔钱1年内不会派上其他用途，因此我们可以选择1年期的银行理财产品。但是1年期的银行理财产品也有很多，我们要求这款理财产品风险较低，理财收益要高于银行存款利息，这就要查看理财产品说明书，资产主要配置在央行票据和企业短期融资券等这些低风险的领域的理财产品就是我们购买的对象。你看，这款产品挺适合我们，今天买入成功后，明天就开始计算收益了。"

知识链接：

　　银行理财产品有不同的分类方式，按照风险属性分类有保证收益类理财产品和非保证收益类理财产品；按产品存续形态分类有开放式理财产品和封闭式理财产品；按发行方式分类有期次发行理财产品和滚动发行理财产品；按照投资方向分类有固定收益类理财产品、现金管理类理财产品、国内资本市场类理财产品、代客境外理财类产品、结构性理财产品等。

每款理财产品在开发设计过程中，都有特定目标客户群，在产品说明书中各银行也均会标明适合的购买人。购买银行理财产品关键是要考虑风险承受能力，高收益伴随着高风险，对于资金主要用来养老、子女教育的投资者，或者市场稍有风吹草动就寝食难安的投资者，还是选择低风险的产品，资金富余并且对风险不敏感的可以尝试一下高收益高风险的产品。另外，在购买理财产品前，一定要确定这笔资金在多长时间内是无须动用的，然后再选择相应投资期限的产品。尤其是购买了封闭型理财产品的，只有产品到期了才能赎回。有个别银行提供了理财转让平台，急需用钱的客户可以将未到期的理财产品在平台上转让，为了方便快速转让，只要转让给买方的收益率略高于当前理财产品的平均收益率就可以快速成交，卖方的收益并不一定比原来的预期收益低。

拓展阅读：

银行会破产吗？

在多数人的观念中，银行是不会破产的，人们通常认为只要是在银行存款，就有国家信用做隐形担保。事实究竟是怎样的呢？银行会破产吗？回答是肯定的。未来中小银行将不可避免地面临破产的风险。

　　早在 1998 年就有了银行破产的先例。1998 年，受亚洲金融危机冲击，海南发展银行不良资产比例大、资本金不足、支付困难、信誉很差，最终发生了储户挤兑现象，耗尽了存款准备金和国家 34 亿元的救助资金后依然无法挽回局面，最后因支付能力严重不足而被国务院和中国人民银行关闭。这是中华人民共和国金融史上第一家由于支付危机而关闭的商业银行。

　　所以个人和家庭在进行资产配置时，尽量做到多元化投资，分散风险。

让孩子知道如何计算理财产品收益，了解不同的理财方式能使资本得到不同程度的增值。要善于利用理财工具，并根据自己能承受的风险程度选择适合自己的理财方式。

银行理财产品收益知多少？

文文委托妈妈把压岁钱 5000 元转入余额宝理财，今天的万份收益是 0.6271，七日年化收益率是 2.7580%，计算今天文文的收益是多少？按照当日公布的七日年化收益率预测文文三个月会有大约多少收益？妈妈还另外购买了银行的非保本浮动收益型人民币 A 理财产品 5 万元，期限 165 天，预期收益率 4.75%；非保本浮动收益型净值型人民币 B 理财产品 5 万元，期限 165 天，业绩比较基准 4.75%，起息当日产品净值 1.00，折算份额 5 万份，到期后妈妈的收益可能有多少？

答案：

文文的当日收益是 0.31355 元，三个月的收益是 34.475 元，妈妈的收益不确定。

解析：

文文的收益：

当日收益 =5000÷10000×0.6271=0.31355 元

三个月的收益 =5000×2.7580%×3÷12=34.475 元

妈妈的收益：

A 理财产品按预期收益率 4.75% 计算的到期收益

=50000×4.75%×165÷365=1073.63 元

因为该产品为非保本浮动收益型人民币理财产品，若到期理财收益率比预期收益率 4.75% 高，那收益就会高于 1073.63 元；若到期理财收益率为 0，则持有该理财产品的到期收益为 0 元，本金无损失；若配置资产全部亏损或无法收回，则持有该理财产品的到期收益为 0 元，且损失全部的本金。

B 理财产品是净值型理财产品，要用产品净值来计算收益而不能按业绩比较基准来计算收益，银行每天会公布该理财产品的净值。假定到期时产品净值为 1.0219，则持有 B 理财产品的到期收益 =50000×1.021904－50000=1095.20 元

该产品也为非保本浮动收益型人民币理财产品，到期理财收益按到期产品净值扣除本金计算，收益率可能比业绩比较基准 4.75% 高；也可能为 0，本金无损失；还有可能因配置资产全部亏损或无法收回，导致损失全部的本金。

让财富快速增值

1 股神巴菲特的故事

　　华尔街的"股神"巴菲特是迄今为止全球最成功的投资家。1993 年巴菲特就以 83 亿美元的个人资产总值第一次获得了福布斯富豪榜"世界首富"的称号，他是靠股市暴富的世界富豪。巴菲特身处证券市场之中但是似乎又置身证券市场之外。在证券市场上，绝大部分人都在不断地利用股价的波动来获取差价收益，一些技术派人士甚至认为光凭图表就可以进行股票的买卖，而无须了解企业的真实情况。当大部分投资人在价格波动的夹缝中来回奔波时，巴菲特抓住的是价值提升的主线。从研究财务报告、分析行业动态开始，他就始终以经营者的视角来看问题。在进行任何一项投资之前，巴菲特对投资对象都要经过长期的观察和跟踪，并且要在适当的时机才会进行大量的投资。他平时的工作大部分是在考察和检验潜在投资对象的情况。巴菲特所投资的企业主要集中在保险、食品及报纸等传统行业，他的主要投资组合中包括可口可乐、华盛顿邮报、吉列等公司，他认为这些企业是可以被充分了解的。首先这些企业的业务相对简单，通过一定的学习都能够很好地了解，甚至成为业内的专家。其次，这些企业的未来业绩和成长性是比较容易测定的。最后，企业具有"特许权"。巴菲特认为这种企业的特许权表现为，产品具有无可替代的特殊商品形式的价值。巴菲特对自己不了解的行业、公司坚决不涉足。巴菲特和盖茨是相当好的朋友，但他没有购买过微软的股票，因为他觉得难以充分了解微软公司的业务，同时也把握不了它10年以后可能出现的状况。

对于巴菲特来说，股市的价格波动只是"市场先生"的游戏而已，它所能提供的是在"市场先生"情绪低落时给出的令人满意的报价，他也确实常在股价大幅回落时大量买进自己了解的公司的股票。但是巴菲特认为，在他购买了某只股票之后，哪怕证券市场关闭数年，对他的投资也不会造成影响，因此，他对股价平时的波动根本不关心，也不在意。他有一个说法，就是少于4年的投资都是傻子的投资，因为企业的价值通常不会在这么短的时间里充分体现。有人曾做过统计，巴菲特对每一只股票的投资时间没有少过8年的。

许多投资者在进行股票投资时把"不要把鸡蛋放在同一个篮子里"作为投资的至理名言，认为分散投资可以降低投资风险。巴菲特对此很不以为然。他认为，如果投资者对企业不是很了解而进行所谓的分散投资，显然并不会降低资金的风险，而如果你对企业有了充分的认识，分散投资的同时实际上也分散了利润的获取。他认为买的股票越多，你越可能购入一些你一无所知的企业的股票。他认为，投资者应该像马克·吐

温建议的那样，把所有鸡蛋放在同一个篮子里，然后小心地看好它。巴菲特采用集中投资的策略，重仓持有少量股票。绝大多数价值投资者天性保守，但巴菲特不是。他投资股市的620亿美元集中在45只股票上。他的投资战略甚至比这个数字更激进。在他的投资组合中，前10只股票占了投资总量的90%。在别人眼里，股市是个风险之地，但在巴菲特看来，股市没有风险。"我很重视确定性，如果你这样做了，风险因素对你就没有任何意义了。股市并不是不可捉摸的，人人都可以做一个理性的投资者。"

巴菲特常引用传奇棒球击球手泰德·威廉斯的话："要做一个好的击球手，你必须有好球可打。"如果没有好的投资对象，那么他宁可持有现金。据晨星公司统计，现金在伯克希尔·哈撒韦公司的投资配比中占18%以上，而大多数基金公司只有4%的现金。

2

走进股市

如果一个公司现在很赚钱，需要扩大生产规模但没有资金，该怎么办呢？可以找银行贷款，但是需要抵押而且利息较高；也可以在经过批准的情况下发行债券，利息比贷款低一些，但是债券有规定的还款期限，到期要支付本金和利息；还可以在经过批准后发行股票，通过出让公司的一部分股份获得一笔资金。公司可以用这笔资金来扩大生产规模，股东借此取得股息和红利；股东不能要求公司返还其出资，但是可以转让、买卖该股份。因此公司只有给股东分红的压力，不用考虑归还本金和利息的问题。

股票交易的这个市场我们称为股市。股票市场是股票发行和交易的场所，包括发行市场和流通市场两部分。发行市场是公司直接或通过中介机构向投资者出售新发行的股票的市场。流通市场即股票交易市场，是投资者之间买卖已发行股票的场所。而我们通常所说的"炒股"就是买卖在证券交易所上市的公司股票的行为。在我国沪、深两地各有一家

证券交易所，即上海证券交易所和深圳证券交易所，目前有 2000 多家公司在这两家交易所上市。个人投资者投资证券并不是到证券交易所而是要到证券公司办理相关手续。证券公司具有证券交易所的会员资格，可以承销发行、自营买卖或自营兼代理买卖证券。普通投资人的证券投资都要通过证券公司来进行，比较知名的证券公司有银河证券、国泰君安证券、广发证券、招商证券等。所以我们买卖股票都要先到证券公司开户。在我国，未成年人在父母的陪同和帮助下，可以尝试股票投资。

到了暑假，小小的活期储蓄账户有将近 1 万元了。因为经常看妈妈坐在电脑前研究股票，小小对屏幕上跳动的红红绿绿的数字很好奇，他的心思也开始活络起来。

"妈妈，什么时候开始教我买股票啊？"

"理财产品不是给你带来不少收益了吗？为什么又想买股票？"妈妈想听听小小是怎么想的。

"股神巴菲特 11 岁时就拥有了人生第一只股票，我也 11 岁了，我也想买股票。"小小解释说。

"有没有听说过股市有这么一句话：'投资有风险，入市须谨慎？'"妈妈提醒小小买股票是一种高风险的投资行为。

"听说过的，所以我只打算拿一部分钱来尝试一下。"小小认真地说。

"投资有风险，入市须谨慎。"这句话说明了股票投资是一种高风险的投资，投资者在涉足股票投资的时候，必须结合个人的实际状况，制订可行的投资策略。为了让小小打一开始就有风险意识，妈妈给小小出了一个数学题。

"你帮我算一下，如果我买了 1 万元的股票，现在亏损了 50%，我投资的股票要涨多少才能回到初始的 1 万元？"

"这还不简单，再涨 50% 就可以了。"小小不假思索地回答。

"你再仔细想一想？"妈妈暗示道。

小小听妈妈这么一说，意识到自己可能说错了，就动起脑筋，认真算起来。

"哦，不对，1 万元的股票跌了 50%，现在只有 5000 元了，要涨 100% 才能回到原来的 1 万元呀。"小小恍然大悟。

"所以，我们只能拿一部分钱投资高风险的股票，搏一搏高收益，因为我们把高风险的投资限定在一定比例内，无论盈亏都不会影响自己的生活质量，你就能从容地面对风险。"

"妈妈，就是说我要分散投资对不对？"小小好像领悟到妈妈的深意，"我这次打算拿出我的总资产的三分之一来买股票，其他的有些放在余额宝里，有些购买理财产品。"

"看来，我们的小小还是很谨慎的。"妈妈赞许地点了点头，提议道："那明天我们到证券公司开户，好不好？"

"好呀。"小小很兴奋。

第二天，小小和妈妈来到证券公司的一个营业部，持身份证原件及复印件，在客户经理的带领下，首先开立上海、深圳证券账户，分别拿到一张上海和深圳的证券账户卡；接着开立资金账户，拿到一张带有证券资金账户的证券交易卡；然后又到银行开活期账户，办理网上交易业务等相关手续，把准备投资股票的 3000 元存入银行账户，回到家里在电脑上下载证券公司指定的网上交易软件。在网上交易系统里通过银证转账业务把钱从银行转入证券资金账户，就可以买卖股票了。

"要想投资的股票有 100% 的收益，这比较难。"妈妈重提前面的话题，"股票跌的时候会一泻千里，瞬间就土崩瓦解，这就是股市里的踩踏事故，但涨的时候却犹犹豫豫，信心是要慢慢恢复的，可能要一两年甚至更长的时间才能重新上涨。"妈妈耐心地做解释："这个你看一下 K 线图就更容易体会了。"

"K 线是什么？"爱问问题的小小又发问了。

"K 线记录的是某只股票一段时间（一天、一周、一个月等）内价格变动的情况。如果把每天的 K 线按时间顺序排列在一起，就构成了这只股票上市以来价格变动的日 K 线图。"

知识链接：

K 线的起源

K 线属于古老的技术分析方法，它起源于日本。早在 1750 年，日本人就开始利用阴阳烛来分析大米期货。后来，K 线被应用到股票市场上，经过上百年的应用和变更，目前已经形成了一套完整的股票 K 线分析理论。

按形态分可分为阳线、阴线和同价线。按时间分可分为日 K 线、周 K 线、月 K 线、年 K 线，以及将一个交易日分成若干等分，形成 5 分钟 K 线、15 分钟 K 线、30 分钟 K 线、60 分钟 K 线等，这些 K 线都有不同的作用。

"原来是这样啊，那我们买股票的时候一定要研究好了才能去买。"

"是呀，所以买之前要先做很多功课，要尽可能地回避风险。我们应该把精力和资金集中在自己熟悉的行业和领域，不要投资自己不熟悉的项目。"妈妈接着说，"我们中有很多人在不太清楚某一只股票到底如何的情况下，认为多买几只股票是个不错的选择，可以分散风险。其实如果我们对企业不是很了解而进行所谓的分散投资，是不会降低投资的风险的，反而是买的股票越多，风险越高。"

"妈妈我有点听明白了，当一个事情成功的可能性很大时，我们投入越多，回报就越大。"小小进行了一下总结。

"我们的小小就是厉害，一点就通。"妈妈对小小竖起了大拇指，"事实确实如此，如果你对企业有了充分的认识，分散投资的同时实际上也分散了利润的获取。当然分散投资还有一层意思，就是分阶段分批买入股票，股票行情是跌宕起伏的，分批买可以摊低整体成本。但是我们一旦买入某企业的股票，就应该较长期地持有。由于投资之前着眼的就是企业的未来价值，那么，仅仅因为股票出现了差价就把它卖掉将是相当不慎重的行为。但是我们很多人做不到这一点。"

与房产、珠宝首饰、古董字画相比，股票的流动性好，变现能力强；与银行储蓄、债券相比，股票价格波幅大，带来的收益可能会高于银行储蓄和债券，但风险也较高。各种投资渠道都有自己的优缺点，尽可能地回避风险和实现收益最大化，是个人理财的两大目标。

3 选购有价值的股票

从证券公司回来，小小和妈妈开始研究买什么股票。

"我们买哪只股票呢？是不是挑价格便宜的买？这个股票只要 5 元钱。"小小征询妈妈的意见。

"对于质量功能相差不大的东西我们的确要挑便宜的买，但股票是不是便宜，并不是单纯地看股价的高低。"

妈妈的解释让小小更是疑惑："那要看什么？"

"我们投资股票，看中的是这家公司未来的盈利能力，如果这家公司未来的赚钱能力高于我们现在的预期，这个股票就有购买价值，就是便宜的，是被低估的。反之，这个股票就是贵的，是被高估了。"

"我要怎么知道这个公司的未来盈利能力如何呢？"小小更是不解了。

"每只股票都有很多财务指标，我们要着重关注市盈率这个指标，它是这只股票当时的每股市价和每股盈利的比值。例如一只股票市盈率是 16，现在的股价是 8 元／股，每股盈利是 0.5 元，它的含义就是按照每年每股盈利 0.5 元不变，现在以 8 元／股的价格买下它，要 16 年才能收回成本。市盈率越高说明回本周期越长，也就代表股价越贵。"妈妈耐心地进一步解说。

"那就是说市盈率越低越好了？"小小立刻推断道。

"不同行业的情况不同，一般来说传统行业的市盈率低，新兴行业的市盈率高。而这只股票的市盈率究竟是高还是低，我们要在和同行业的企业进行横向比较，以及和自身进行纵向比较后，判断股票价格和公司的盈利能力是否匹配。如果市盈率偏高，说明对公司的估值偏高，投资的风险偏高。"

"首先要分析公司主要经营的业务，了解该公司所处行业前景以及公司在行业所处的地位。其次要分析公司的盈利能力，近期有没有好的分红方案。最后要分析该股票近期的表现，趋势有没有向好。"

"我们是买往上涨的股票好，还是往下跌的股票好？"小小还有不明白的地方。

"我们买股票都希望能赚钱，希望股票往上涨，但是股票价格是不停波动的。假如花了 10 元／股买的股票，几天后股票价格持续下跌，跌到了 9 元／股，这样对已经买了这只股票的人就不好了，因为他亏了 1 元／股。但是对于看好这只股票持币观望的人来说又是一件好事，因为股票下跌是一个良好的介入时机，跌到一定程度就可以伺机买入了。"

每个股民都有一个美好的愿望，买入即涨，但现实并非如此，那么如何购买具有投资价值的股票呢？选股的时候首先要看该公司的成长性好不好。如果公司的盈利是逐年增加的，主营业务收入也是逐年上升的，

最好有 30% 以上的增长，这样就能给投资者带来较高的回报。这一点可以通过看上市公司发布的财务报表或者有关公司新闻来进一步了解。其次要看公司的竞争力强不强，有没有技术垄断性。公司提供的产品或服务竞争力很强，具有技术垄断性，产品或服务未来需求空间巨大，就具有投资价值。最后看业绩是不是有保障。虽然你可能通过看公司的报表了解到公司的业绩很好，但这些都是过去的事情，未来还未可知，最好能找到公司未来三年都有业绩保障的证据，这就需要我们去发掘了。用基本面选好高垄断、高成长的个股后，就要用技术面决定买点。首先看看该股一个时期的高点和低点，然后对比一下大盘同期的高点和低点，掌握目前该股价所处的位置。确定了高低点，对该股的预期涨幅会有个大概的估算。其次，打开该股的周 K 线，看看 KDJ、MACD、成交量等指标是否理想，如果周 K 线比较理想，就不必为了一两天的调整而不安，只要趋势没有改变，可以忽略一两天的调整。多用长期趋势指导投资，顺应大趋势做下去，不看小趋势；小趋势只能赚小钱，大趋势决定赚大钱。

在着手买入股票时还应遵循几个具体操作原则。

趋 势 原 则

初涉股市的股民在准备买入股票之前，首先应该对大盘的运行趋势有个明确的判断。一般来说，绝大多数股票都随大盘趋势运行，大盘处于上升趋势时买入股票较易获利，所选股票也应是处于上升趋势的强势股，而在顶部买入则好比虎口拔牙，下跌趋势中买入难有生还。其次还要根据自己的资金实力制订投资策略，是准备中长线投资还是短线投机，以明确自己的操作行为，做到有的放矢。

分 批 原 则

在没有十足把握的情况下，投资者可采取分散买入和分批买入的方式，这样可以大大降低买入的风险。但是分散买入的股票必须是自己仔细研究过该公司的财务报表及企业、行业的相关资料的。所购买股票的种类也不要太多，一般以在 5 只以内为宜，另外，分批买入应在股价进入自己认为合理的范围才能开始介入，并根据自己的投资策略和资金情况有计划地实施。

底 部 原 则

中长线投资者买入股票风险最小的时候是在底部区域或股价刚突破底部上涨的初期，这是购入该股票的最佳时机。而短线操作虽然天天都有机会，也要尽量考虑到短期底部和短期趋势的变化，并要快进快出，同时投入的资金量不要太大。

止 损 原 则

一般投资者都是认为股价短期内就会上涨才买入该股票的。若买入后并非像预期的那样上涨而是下跌该怎么办呢？如果只是持股等待解套是相当被动的，不仅占用资金错失别的获利机会，而且背上套牢的包袱后还会影响以后的操作心态，更不知何时才能解套。与其被动套牢，不如主动止损，暂时认赔出局观望。对于短线操作来说更是这样，止损可以说是短线操作的法宝。因此，我们在买入股票时就应设立好止损位并坚决执行。短线操作的止损位可设在 5% 左右，中长线投资的止损位可

设在 10% 左右。

选好股票后，就要着手买入股票了。股票的交易时间是周一至周五（法定休假日除外），上午 9：30 ～ 11：30，下午 1：00 ～ 3：00。我们可以通过互联网使用交易软件向证券公司下达买进或卖出股票的委托指令，凭资金证券账户和交易密码进行委托。在我国证券交易中的合法委托是当日有效的限价委托。我们下达的委托指令必须指明：是买入还是卖出股票，以及股票代码、股票名称、委托价格、委托数量。并且这一委托只在下达委托的当日有效。委托指令被传送到交易所电脑交易的主机。然后按竞价规则，确定成交价，自动撮合成交，并立刻将结果传送给证券商，这样你就能知道你的委托是否已经成交。不能成交的委托按"价格优先，时间优先"的原则排队，等候与其后进来的委托成交。当天不能成交的委托自动失效，第二天用以上的方式重新委托。

"这只股票 9 元多，我账户里有 3000 元，可以买 330 股。"小小思考以后说。

"股票的交易单位为股，100 股 =1 手，委托买入数量必须为 100 股或其整数倍，因此我们可以买 3 手。"妈妈解释道。

妈妈在交易软件中输入资金账户的账号和密码后，进入交易账户，下达交易指令买入，输入股票代码及买入数量后，等待成交。成交后，资金账户就显示已经买入股票的股票信息，包括股票代码、股票名称、证券数量、成本价、浮动盈亏、盈亏比例等。

"股票成交后的成本价和我们的委托价格不一样。"小小不解地大叫。

"一般来说，成本价要比成交价高一点，因为里面加上了相关税费。"妈妈说。

炒股的费用通常包括印花税、佣金、过户费、其他费用等几个方面的内容。印花税是根据国家税法规定，在股票成交后对买卖双方投资者按照规定的税率分别征收的税金。印花税的缴纳方式是由证券经营机构在同投资者交割时代为扣收，然后在证券经营机构同证券交易所或登记结算机构的清算交割中集中结算，最后由登记结算机构统一向征税机关缴纳。佣金是指投资者在委托买卖证券成交之后按成交金额的一定比例支付给券商的费用，此项费用一般由券商的经纪佣金、证券交易所交易经手费及管理机构的监管费等构成。过户费是指投资者委托买卖的股票、基金成交后买卖双方为变更股权登记所支付的费用。这笔收入属于证券登记清算机构的收入，由证券经营机构在同投资者清算交割时代为扣收。

拓展阅读：

股票的起源

17 世纪，荷兰成为航海和贸易强国。1602 年荷兰人以国家名义建立了荷兰东印度公司，主要从事海上贸易事业。随着公司的规模越做越大，所需要的资金量也就越来越多，公司的资金无法满足持续扩张的需求。为了筹集资金，东印度公司想出了一个法子，就是让本国的百姓也参与进来，让他们投资购买本公司发行的一份投资凭证，而当公司有所盈利后，便取出一

部分分给前期进行了投资的百姓。这样东印度公司就能获得足够的发展资金，而进行投资的百姓也能够从公司的贸易中获利。这份投资凭证就是最原始的股票。

但并不是所有的百姓都能够安心等到分红的时候，需要用钱的人就会在还没有获得分红的时候将其折价卖出，以回笼资金，这就产生了利益差，给了购买股票的人获利空间。到了1609年，随着股票交易越来越频繁，荷兰成立了世界上第一个股票交易所——阿姆斯特丹证券交易所。从此，股票就开始深入金融市场，并逐渐成了金融市场的核心组成部分。

4　不要频繁换股

买入股票后，当天下午股票就上涨了，小小很高兴："我们把它卖了吧，这样我就赚到钱了。"

妈妈说："今天买进的股票，今天是卖不掉的。国家为了保证股票市场的稳定，防止过度投机，股市实行 T+1 交易制度，当日买进的股票，要到下一个交易日才能卖出。"

"那我们明天就把这只股票卖出吧。"小小有些迫不及待。

"我们买的股票是绩优股，是准备做中长线投资的，现在这只股票的趋势是向上的，没有必要明天就卖出，我们先观察几天再说。如果我们买入股票后，股价并没有像预期的那样上涨而是下跌的话，我们应该按照原先买入股票前就设立好的 10% 的止损位坚决执行。"妈妈耐心地给小小解释。

很多个体投资者喜欢做短线，如果运气好的话，短线获利快速，可能几天就暴涨百分之二三十甚至更多。他们认为如果能够把握好每一个短线节奏，赚大钱就易如反掌。因此频繁操作，频繁换股，频繁投机，结果总是事与愿违，越想赚得多，就越亏得多、亏得快。亏损主要有两大原因，一是频繁买卖，支付了大量的市场交易费用；二是追涨杀跌，本金消耗殆尽。通常对于没有多少技术的个人投资者来说，操作次数和失误率是成正比的。操作次数越多，心理波动就越大，因此失误也越多。股票市场玩的是心理游戏，用激烈地波动和反复折腾来挑战人的心理极限。所以，很多人总是在高位区域暴涨的时候，因为贪婪而不断被市场忽悠进去接盘；而在低位暴跌的时候，因为恐惧而不断地恐慌割肉，抛掉廉价筹码；最后在反复盘整折腾时被洗出局。在他们看来，一些股票往往是一买就跌，一卖就涨，基本和自己的操作反向走。其实，在一段时间内公司的基本面变化比较小，趋势的形成和扭转都需要一定的时间。如果能把买卖股票的理由，建立在一定时间内变化不大的公司基本面之上，在趋势没有转折之前持股不动，就能克服频繁换股的坏习惯。

频繁换股会大量消耗我们账户里的资金。我们可以大致计算一下频繁换股吞噬掉账户里多少资金。无论买进和卖出股票，都要缴纳一定的税费。如果每个月换股一次，相关税费按1%计算，一年12个月只是相关税费的支出就高达12%，8年下来不算复利，静态支出高达96%，几乎吞噬了原先投入的所有本金。股神巴菲特说："如果你没有持有一种股票10年的准备，那么连10分钟都不要持有这种股票。"巴菲特购买一种股票绝不在意来年就能赚多少钱，而是在意它未来5～10年能赚多少钱。而事实上，很多股民拥有一只股票，期待它上涨的时间不是下个星期而是明天，甚至上午买进，下午就期待它能上涨。这种没有耐心或者缺少耐心的想法，几乎注定了一个人失败的投资生涯，所以千万不要频繁交易。

"妈妈，这个股票怎么不往上涨了。"小小有点着急。

"我国股票交易是有涨跌幅限制的。股票有开盘价和收盘价，开盘价是指当日开盘后该股票的第一笔交易成交的价格。收盘价指每天成交中最后一笔股票的价格。在一个交易日内证券的交易价格相对上一交易日收盘价格的涨跌幅度不得超过10%。现在这个股票不往上涨了，是因为已经到了今天的涨幅限制，也就是涨停了。所以平时我们委托交易时是不能超过涨跌限价的，否则就是无效委托。"妈妈解释道。

"哦。"小小这才恍然大悟。

"可是股票为什么会涨跌呢？"小小的小脑袋里突然冒出了这个问题。

"股票涨跌的原因有很多，从长期来说是由公司为股东创造的利润决定的，从短期来说是由供求关系决定的，包括国家政策的影响、人们对公司的盈利预期、人为的炒作、市场资金的充裕程度等。股市里的资金充裕程度是影响股价的重要推手。入场资金的第一部分是企业的盈利分红、派息相对细小，但是比较稳定，这就是公司的'基本面'，进行长期投资的人主要就看这个方面。入场资金的第二部分是股民入市带来的资金，这是造成股票上涨的直接原因。人们对股市有信心，就会带来大量资金入市，从而推动股票上涨。离场资金中第一部分的交易费用（税金、过户费和佣金等）是固定存在的，如果进行短期交易的人过多，不停地买进卖出，卖出买进，交易成本就会暴涨，短期内必然会流出大量的资金，如果后期资金流入不足，就会导致股价下跌。离场资金中第二

部分来自那些卖出股票、落袋为安的股民，任何一次股市的暴跌都是由于想要落袋为安的人太多。他们争先恐后地抛售离场导致发生股市踩踏事故。股市中有出就有进，如果忽略交易中支出的费用，他们离场带走的钱正好就是想要入场的股民带来的钱。"

"既然带来的钱和带走的钱一样多，股票价格应该不变呀？"小小还是有些不理解。

"那是因为市场上存在三种交易群体，即买方、卖方和观望者。买方总想尽可能地少付钱，卖方总想尽可能地多收钱。买卖双方私下里交易时会从容地讨价还价，但在交易所里交易时，讨价还价的过程会加快。因为他们周围还有一大群观望者，随着时间的流逝和价格的变化，这些人随时可能成为买方或卖方插进来抢生意。买方知道，如果他想太久，其他人就会插进来高价买走，卖方也知道，如果他坚持要高价，其他人可能插进来以低价卖出。看多的人买进推动市场上涨，看空的人卖出推动市场下跌，观望的人给买卖双方制造一种紧迫感，从而使一切变化更快。"

"哦，我好像有些明白了。"小小若有所悟，"大家都争着卖，股票就要下跌，大家都抢着买，股票就要上涨。"

"我们小小理解得很透彻。"妈妈赞许地说。

一只股票的价格短期内是由供求关系决定的，股票的供给量大于需求量，股票就会下跌，反之供给量小于需求量股价就会涨价。判断股价的涨与跌，可以通过"基本面"与"技术面"来分析研究。"基本面"主要是国家的宏观经济，公司的财务数据、发展规划，等等，通过这些可以判断在一个相对较长的时间内股价的走势。"技术面"主要是股价运行的趋势、形态等，通过这些可以判断出一个波段内股价的运行方向。

股票市场中最重要的是资金，股票的上涨和下跌都需要资金的推动，在股本不变的前提下，随着介入某股票的资金的增加，对该股票的需求也逐渐增加，而该股票的供给却不变，导致了供不应求，股票价格必然上涨。股票在低价位，成交量越低，上涨可能性越大；股票在高价位，成交量越低，下跌的可能性越大。因为在低价位且成交量低时，想卖股票的人都已经卖掉了，没有资金要退出这只股票，股价不可能继续降低；而在高价位且成交量低时，想买进的人都买进了，没有新资金进入，而股票数量也不减少，股票缺少上涨的动力。从根本上说，判断股票价格的涨跌，就是判断是否有大量的新资金介入该股票。

举个实例来说，一只股票，假设它的发行价是 3 元，流通盘为 10 亿股，如果该股所有的流通盘都买卖一次，也就是换手率达到 100%，需要的资金是 30 亿元。如果该股股价达到了 6 元，就需要 60 亿元；达到 9 元，该股所有的流通盘都买卖一次就高达 90 亿元。股价在不断上涨的过程中，所需要的资金也在不断增长。股价翻一倍，全部股票换手则需要的资金也跟着翻了一倍。股票不会无限制地上涨，因为市场中不止这样一只股票，社会的闲散资金也是有限的，随着价格不断地上升，资金链会出现断裂的现象。假设股价涨到 12 元，如果想继续向上，让换手率再次达到 100%，所需要的资金就是 120 亿元。那么如果资金不够 120 亿元，可能只有 100 亿元买入，这样就有一部分的流通盘无法买卖。而持有卖不出这部分的人还想卖要怎么办？就得降低价格，只有价格比别人低才能更早地成交，这样就形成了股价的下跌。散户投资的一般特点就是上涨的时候卖得飞快，而一旦下跌拿得比谁都稳，所以套牢的筹码容易落在散户手中。假设股价在下跌的每个阶段套牢 2 亿个筹码，由 12

元跌到 10 元，流动筹码就剩下了 8 亿股，股价再继续下跌至 8 元，6 元，3 元，按照每个阶段套牢 2 亿筹码来算，股价跌至 3 元的时候，真正的流通盘就只剩下 2 亿股了。其余 8 亿股都是套牢的，只要不解套就不会还给市场。在经过很长时间以后，如果还有主力要做这只股票，需要的资金也就只有 6 亿元了，因为流动筹码只剩下 2 亿股，大大减轻了主力的压力。主力介入这样的股票也面临一个问题：如何让被套的散户割肉，得到廉价筹码。而最有效的方法就是等时间。主力只有在得到了足够的筹码以后才会有进一步的举动，大部分好股票的筑底时间都很长也正是这个原因。

政策基本面的变化一般只会影响投资者的信心，如果政策出利好，则投资者信心增强，资金入场踊跃，影响供求关系的变化。如果政策出利空，则投资者的信心减弱，资金就会流出股市，从而导致股市下跌。个股基本面的好坏在相当大的程度上决定了这只股票的价值。当个股基本面出现重大的利空的时候，股价一般都会下跌；当个股基本面出现重大的利好的时候，股价一般都会上涨。特殊的情况，股票处在高位，庄家会发出利好配合出货，那样股价就会下跌了。在那个时候，个股基本面出现重大的利好的主要作用就是方便主力资金的顺利流出，接着就会导致股价的下跌。因此，个股基本面的变化或者说个股的消息面对股价的具体影响，还必须结合技术面上个股所在的高低位置来仔细分析。

股市的涨跌，都烙上了人性的痕迹，参考个股的历史走势可以对该股票未来的走势做出一个大致的判断。人性影响股市，而人性又是相对不变的，股市的规律也在一定程度上不会改变，所以历史将在人性的影响下不断重演。

投资理财是个人能力的重要组成部分，让孩子了解另一种投资渠道——股票，可以让孩子对投资与公司经营有一个初步的认识，加深对投资风险的了解。启发孩子早期的投资意识，掌握股票投资技巧，促使理财思维的初步养成。

这只股票赚了多少钱？

某天航航看见妈妈以每股 30 元买进一只股票，10 天后以每股 40 元全部卖出，每股赚了 10 元；15 天后又以每股 45 元买进同样数量的同一只股票，比上次的卖价 40 元高 5 元，相当于上次炒股没赚钱还每股亏了 5 元；20 天后再以每股 55 元全部卖出，和当时的买价 45 元相比，这次投资每股赚了 10 元，抵消买入时亏损的 5 元，那就只赚了 5 元。航航计算得对吗？你能帮航航算一算这只股票每股赚了多少钱吗？

答案：

这只股票每股赚了 20 元。

解析：

　　航航的妈妈两次买入卖出同一只股票可以看成是两个独立的完整的投资过程。第一次买入卖出股票每股赚了 10 元，第二次买入卖出股票每股也赚了 10 元，所以总共赚了 20 元。航航就把两次买入卖出同一只股票认为是一次投资的完整过程。认为第一次每股 30 元买进，每股 40 元卖出，每股赚了 10 元；再以每股 45 元买进，自己每股又赔了 5 元，接着以每股 55 元卖出每股挣了 10 元，10 元减掉赔的 5 元，实际每股赚了 5 元。这样就把事情想复杂了。我们只要把它当作是两次投资，第一次投资在 30 元买入时开始，在 40 元卖出时结束，每股赚了 10 元；第二次投资在 45 元买入时开始，在 55 元卖出时结束，每股也赚了 10 元，要分别计算盈利，然后加一起就可以了。

财富的保障

1

保险小故事

　　一家五星级大酒店招学徒工，100 个学徒工来到酒店学习厨艺，要学习 10 年才能出师。学徒们的薪水不高，但是五星级酒店的餐具都非常名贵，如果哪个学徒不小心打坏了一个盘子，那么他就要按每个盘子1000 元钱来赔偿，还可能会被开除。因此学徒们都非常小心，但每年还是有人因打碎盘子而丢了工作。

　　后来有个聪明人想出了一个主意，他让每个学徒每年交一点点钱，然后派专人把这些钱集中起来管理，一年中无论谁打碎了盘子，就用这钱来赔偿盘子，而且学徒们都不用受处罚。大家都觉得这个主意很好，都愿意花一点点钱买个安心。那么每年需要交多少钱呢？聪明人根据所有学徒一年之内大约会打碎 4 个盘子的数量来计算，成本是 4000 元，分摊到每个人身上就是每人每年交 40 元钱。

学徒交的这些钱需要派专人管理，按照当时的市场行情，雇佣一名经纪人大概一年需要 600 元，为经纪人租个办公室要 400 元。这 1000 元的费用分摊到每个学徒身上是 10 元，这样算下来每个学徒一年只需交 50 元，其中 40 元是保障成本，10 元是管理费用。这样，一个短期消费险诞生了。

可是大半年快过去了，竟然没有一个人打碎盘子，这时候，一个平时做事最谨慎小心的人想，我是最不可能打碎盘子的，每年交的 50 元就白白损失了，10 年可有 500 元啊！于是，这个谨慎的学徒去找聪明人谈了谈，自己基本上是不会打碎盘子的，但是万一打碎了盘子自己又赔不起，是否有个两全其美的办法。

聪明人脑子一转，既然他想要拿回本金，我就要先多收他一些钱，用这些多收的钱去投资，通过投资获取收益，从而把要退还给他的本金先赚回来。按照现在的投资市场收益率，10 年后要想拿回本金，现在就要收取 100 元，其中 50 元是保障成本和管理费用，另外 50 元拿去做投资。于是就和最谨慎的学徒达成协议：每年交 100 元押金，如果打碎了盘子当年的押金就没收了，如果 10 年都没打碎，到时候 1000 元原样归还。并且约定既然按 100 元交押金了，这 10 年都得交，中途也不能把押金取回，否则就算违约，要支付违约金。谨慎的学徒自己一算，如果没有这个约定，没交这 1000 元押金，要是几年内打碎一只盘子，那可是要赔 1000 元的；现在有了这个约定，10 年内打碎一只盘子只要赔 100 元，而如果 10 年都没打碎盘子，自己一分钱都没损失。虽然 10 年都得交押金，中途也不能把押金取回，但自己总归不亏，确实两全其美！这样，两全保险的模型出现了。

这一年这个最谨慎的人果然没有打碎盘子，按照约定，其他的学徒都损失了 50 元，而自己只是交了押金而已，他不禁得意起来。其他的学徒也都觉得自己没那么倒霉会成为那个打碎盘子的人，于是纷纷要求改交押金。聪明人也很乐意，于是第二年一下子收了 10000 元押金。留下 4000 元准备赔盘子的钱，1000 元管理费用，剩下 5000 元就去投资，这一年市场非常好，投资回报率很高，而且这一年学徒们打碎的盘子只有 3 个，雇佣经纪人只花了 500 元。到了年底，还赚了不止一个盘子的钱。学徒们听说了这个事情，才明白原来他用大家的钱去赚了那么多钱，却不分给大家，心里又不平衡起来，去找聪明人算账。聪明人要求学徒们再多交点，每人 150 元，10 年后将不仅归还 1500 元，每年还把盈利的 70% 分给大家。学徒们一听，觉得这样更划算，于是马上交了 150 元。于是，分红险产生了。

接下来这一年恰逢股市大涨，聪明人做投资赚了很多钱，到了年终，大家一看自己的账户，非但没有像去年一样损失了 50 元，反而还多了几元钱红利。于是聪明人鼓动大家说，明年行情还会很好，大家不如把自己闲置的钱都交给我打理吧。除了扣除帮大家赔付打碎盘子的保障成本 40 元，以及扣除管理费用 10 元，其余的钱我帮你们运作，我每个月给你们结算利息，并且承诺年利率一定在 2.5% 以上。可是大家又担心那么多钱都交了上去，万一要急用怎么办。聪明人说，急用钱的时候可以随时取出。于是，万能险出现了。

第三年年末，学徒们的账户上果然又多了不少钱，都很开心，但是有人开始贪心想要赚更多。聪明人说："收益高的项目当然有，但是风险也大，如果大家不怕风险，我帮大家设置几个投资的账户，其中有风险高的，有风险低的，大家可以根据自己的偏好来选择投资的账户，选择好了，我来运作，每年只按账户价值的百分之几收大家一点管理费，其余赚多少都归你们，但是万一亏了，请大家也别怪我。"于是，投资连结险诞生了。

从故事中，我们可以看到保费是由三个部分组成的：保障成本、费用、投资的钱。无论你购买的是消费险，还是分红险、万能险、投连险，每年的保障成本和费用都被消费掉了。保险公司之所以能返本、分红、付息，无非是在拿客户的钱去投资，然后把投资收益再分给客户。而且由于保险公司的投资项目不可能太过激进，因此保险公司的投资收益都是比较低的。所以我们应尽量购买消费型具保障功能的保险，这样可以用非常低的价格购买较高的保障。然后把省下来的钱自己投资到其他能带来更高回报的投资项目中去，这样资金的使用效率会更高。

拓展阅读：

保险的起源

近代保险是从海上保险发展起来的，海上保险是一种最古老的保险。共同海损分摊原则是海上保险的萌芽。公元前 2000 年，地中海一带就有了广泛的海上贸易活动。为使航海船舶免遭倾覆，最有效的解救方法就是抛弃船上货物，以减轻船舶的载重量，而为使被抛弃的货物能从其他收益方获得补偿，当时的航海商

就设立一条分摊海上不测事故所致损失的原则："一人为众，众人为一。"公元前916年在《罗地安海商法》中正式规定："为了全体利益，减轻船只载重而抛弃船上货物，其损失由全体受益方来分摊。"在罗马法典中也提到共同海损必须在船舶获救的情况下，才能进行损失分摊。由于共同海损分摊原则最早体现了海上保险的分摊损失、互助共济的要求，因而被视为海上保险的萌芽。

船舶抵押借款是海上保险的低级形式。船舶抵押借款方式最初起源于船舶航行在外急需用款时，船长以船舶和船上的货物向当地商人抵押借款。借款的办法就是：如果船舶安全到达目的地，本利均偿还；如果船舶中途沉没，"债权即告消灭"，意味着借款人所借款项无须偿还。该借款实际上等于海上保险中预先支付的损失赔款。船舶抵押借款利息高于一般借款利息，其高出部分实际上等于海上保险的保险费。此项借款中的借款人、贷款人及用作抵押的船舶，实质上与海上保险中的被保险人、保险人及保险标的物相同。可见，船舶抵押借款是海上保险的初级形式。

现代海上保险是由古代的船货抵押借款思想逐渐演化而来的。1384年，在佛罗伦萨诞生了世界上第一份具有现代意义的保险单。这张保单承保一批货物从法国南部阿尔兹安全运抵意大利的比萨。这张保单有明确的保险标的，明确的保险责任，如"海难事故，其中包括船舶破损、搁浅、火灾或沉没造成的损失或伤害事故"。在其他责任方面，也列明了"海盗、抛弃、捕捉、报复、突袭"等所带来的船舶及货物的损失。15世纪以后，新航线的开辟使大部分西欧商品不再经过地中海，而是取道大西洋。16世纪时，英国商人从外国商人手里夺回了海外贸易权，积极发展贸易及保险业务。到16世纪下半叶，经英国女王特许，伦敦皇家交易所内建立了保险商会，专门办理保险单的登记事宜。1720年经英国女王批准，"皇家交易"和"伦敦"两家保险公司正式成为经营海上保险的专业公司。

2 避不开的保险

　　人生不管是生活还是投资，机遇和风险总像一对孪生兄弟陪伴在我们身边。更多时候，我们只看到了陪伴在我们身边的机遇和收益，而忽视了跟在它身后的风险的影子。保险的出现就是为了让我们尽量避免风险对我们的影响。所以我们购买保险的目的，首先不是赚钱，而是选择了一种化解和转移风险的有效方式。这种方式在化解和转移风险的基础上，有时还能让我们获取收益，这当然很好。保险作为最古老的风险管理方法之一和现在人们接触比较多的投资方式之一，不仅始终存在而且日益发达，这自有它的道理。

　　"妈妈，我们学校通知明天交保险费。"小小从学校放学回来说。

　　"好的，明天你把钱带过去。"

　　"保险是储蓄吗？"小小随口问。

"不是，保险不是储蓄，是我们的一项支出。"

"为什么？不是每年都给保险公司钱吗？我只拿回一张纸，其他什么也没有，那不是储蓄吗？"小小有些不解。

"对于储蓄，存期满了之后就可以收回本金和利息，而保险费通常都不能收回。保险很多时候就是支出，它是对财产权或人身权的一种保障，是费用。例如妈妈每年购买的车险。"

"我们为什么要买保险呢？"小小充满了疑惑。

"保险是为了防备未来可能发生的事故或灾害。突然发生火灾，或者是遭遇交通事故、患上重病时，要花很多钱。为了应付这类突发事件我们才会买保险。投保后，发生事故或重病时部分费用由保险公司承担。"

"啊？那如果没有发生什么事故的话，不就等于损失了？"小小小声嘀咕。

"但如果出现突发事故的话，可以减少我们的经济损失啊。还记得那次我们的车在停车场被撞的事吗？"妈妈问小小。

"当然记得了，还是我先看到的，车被撞了一个大坑，漆也被蹭掉了一大块。"小小急吼吼地说。

"撞我们车的人肇事后就逃逸了，附近没有监控，我们找不到他，如果之前我们没给车买保险的话，就只能自认倒霉，自己掏钱修车。"

"那天我们打电话叫了警察叔叔，还有保险公司的人过来看，保险公司把修车的钱还给我们了，幸亏我们买了保险。"小小长吁了一口气。

"对呀，我们买保险就是为了应付这类突发事件，减少我们的经济损失。"

"嗯。"小小好像有些明白了。

　　自然灾害和意外事故是人类生活中存在的有可能发生，也有可能不发生的一种风险。保险就是一种转移风险、降低损失的最佳手段，对家庭和个人具有不可低估的保障作用。因为个人的财力有限，很难积累足以应付天灾人祸的后备资金，一旦受损，正常生活难以为继。如果个人和家庭参加了保险，一旦风险发生，相当于那些不知名的投保人伸出了援助之手，保障了家庭生活的安定。

　　保险按照经营保险是否盈利为目标分为商业保险和社会保险。商业保险，就是由保险公司作为所有投保人的媒介，类似于前面所述的学徒打碎盘子故事中的聪明人，各个投保人分别与保险公司签订保险合同，而不是所有投保人共同签订合同。

　　我们通常购买的财产保险和人身保险都属于商业保险。它是指投保人与保险公司签订合同，投保人根据合同约定向保险公司支付保险费，保险公司对合同约定的可能发生的事故所造成的财产损失承担赔偿保险金的责任，或者当投保人死亡、伤残、疾病或者达到合同约定的年龄、期限时承担给付保险金责任的保险行为。所以，首先，商业保险行为是一种以保险合同为形式、以经济补偿为内容的民事法律行为，不同于以国家立法为基础的社会保险；其次，投保人必须根据合同约定，履行交费义务，才可享有保险事故发生时的索赔权和经济补偿，不同于以单方给予为基础的社会救济；最后，保险公司的赔偿给付义务的履行是不确定的，取决于合同约定的事故发生与否，这一点不同于以确定的受益权为基础的储蓄制度。

　　"那交了这么多的保费以后也收不回来，还是会心疼的。"小小还是觉得有些不满。

"保险的种类有很多，按照是否返还所交保费分为不返还所交保费的消费型保险和到期之后退还所交保费的储蓄型保险两种。所以有的保险在期满之后可以把钱收回来。"妈妈继续说。

  "有没有交很少的保险费，退还很多钱的保险呀？"小小立刻兴奋起来。

  "大家都希望有这样两全其美的好事。"妈妈笑了笑说，"想投保保费较低的保险那就购买消费型保险，我们通常办理的医疗保险、车辆保险都是消费型保险。在保险期限内如果出现突发事故的话，可以减少我们的经济损失，但是保险到期后，所交保费是不能收回的。而储蓄型保险，因到期之后可以退还之前所交保费所以通常保费较高，并且合同期限较长。"

知识链接：

  保险按照是否返还所交保费分为消费型保险与储蓄型保险。消费型保险包括平准型费率保险（在缴费期内每期保费相等）和自然费率保险（随年龄的增加保费每年调整）。价格一般不高，各类产品从一年几十元至数百元保费不等，用以应对各类突发风险。即使在缴纳过程中经济收入暂时中断，此保障在期内依然有效，不必像储蓄型保险一样担心续期缴费压力，更不会影响到个人生活品质。储蓄型保险是把保险功能和储蓄功能相结合，如目前常见的两全寿险、教育金保险。它除了基本的保障功能外，

还有储蓄功能，如果在保险期内未发生保险事故，在约定时间，保险公司会返还一笔钱给保险收益人，就好像逐年零存保费，到期后进行整取，与银行的零存整取相类似。通常分红险、万能险和投资连结型保险都可以归入此类。从风险角度看，分红险风险最低，投资连结险风险最高。分红险是投保人在享有一定保险保障的基础上，分享保险公司部分经营成果的一种保险形式。如果保险公司某一年度业绩不好，投保人所能分享到的经营成果可能会非常有限，甚至没有。但是，分红险设有最低保证利率，即给予保户基本保障。万能寿险与分红险有相似之处，即也设有最低收益保障，保险公司和保户共同分享经营成果，但在保费缴纳方面则比分红型保险更加灵活。可根据人生不同阶段的保障需求和经济状况，对保险金额、所缴保费和缴费期进行调整，使保障和理财的比例在各个时期达到最佳状态，让有限的资金发挥出最大的作用。投资连结险是一种保险保障与投资储蓄相结合的保险形式。保险公司为保户单独设立投资账户，由专门的投资专家负责运作，投资收益扣除少量费用后划入保户的个人账户。保户不参与保险公司其他盈利的分配。投资账户不承诺投资回报，投资账户的所有投资收益和损失均由保户自行承担。

"保险不是我们交钱给别人吗？平时也没看到别人给我们钱，那我们是怎么用保险赚钱的呢？"小小有些不理解。

"买保险的首要目的是防范风险，防止因各种意外造成损失，赚钱只能作为它的附属功能。保险公司收取的保费一部分用来投资理财，投资理财赚到的钱分给客户，因此投保的人也附带赚到了钱。"妈妈解释道。

对于一般大众而言，投保首先应该选择自己不能承受的风险的险种，也就是参与到别人同样难以承担的风险分摊中去；当别人风险发生时，相当于自己伸出援手；万一自己风险发生，相当于把风险分摊出去。对于自己能够承受的一些损失，例如车辆划痕，则可以不用购买车辆划痕险，因为即使出现这种情况，自己也能够承受得起维修费用。

保险可以分摊风险、补偿损失，培养孩子从小树立风险意识，学会合理安排未来的目标，做好人生长期风险规划。

保险公司该赔付多少？

轩轩家于 2017 年 12 月 1 日向保险公司投保家庭财产保险，保险期限自 2018 年 1 月 1 日至 2018 年 12 月 31 日，保险金额为 100 万元。2018 年 4 月 23 日轩轩家里不幸发生火灾，保险公司现场勘查后，认定轩轩家在出险时保险财产的保险价值为 120 万元，实际遭受损失 30 万元。保险公司应按 30 万元赔偿吗？如果轩轩家在出险时保险财产的保险价值为 80 万元，保险公司应赔偿多少？

答案：

轩轩家在出险时保险财产的保险价值为 120 万元，保险公司应赔偿 25 万元。如果轩轩家在出险时保险财产的保险价值为 80 万元，保险公司应赔偿 30 万元。

解析：

因为轩轩家投保的是家庭财产保险，是不定值保险。不定值保险的特点在于，保险标的的损失额以保险事故发生时保险标的的实际价值为计算依据，而保险标的的实际价值通常根据保险事故发生时当地同类财产的市场价格来确定。但是，无论保险标的的实际价值如何变化，保险人应支付的赔偿金额都不得超过保险合同约定的保险金额。而轩轩家保险金额为 100 万元，少于 120 万元的保险价值，所以保险人应当采用不足额保险的比例赔偿方式。即赔偿额 =30 × 100 ÷ 120=25 万元。如果轩轩家在出险时保险财产的保险价值为 80 万元，实际遭受损失 30 万元时，保险公司赔偿的金额 = 保险财产实际损失额 =30 万元。

保险和投资的选择

随着经济的发展，人们手中或多或少有些存款，少则几万元，多则数十万元，上百万元。如何让这些存款的效益最大化，是我们比较关心，也是比较头疼的问题。有些人认为买保险收益太少了，如果把这些钱拿去做别的投资，每年的回报比保险的收益要高很多。

那么我们究竟应该把钱全部拿去投资多赚取收益还是留一部分买保险多一份保障呢？其实，保险对于我们来说，不是让我们更富有，而是为了防止因病或因其他意外返贫，能让我们在生病或遇到其他意外情况时依然能保持以往的经济水准。所以购买重大疾病保险，不是因为我们一定会得病，也不是因为我们支付不起治病的费用，而是因为一旦罹患重大疾病，我们损失的不仅仅是医疗费用，更多的是工作收入的损失。因此我们需要购买保险，但是应该购买多少保险呢？购买什么种类的保险呢？

对于经济情况一般的大众，没必要购买太多保险，主要选择保费低、保障高的纯保障险种，即消费型保险就可以了。保费预算应该以年收入的 10% 为限，基本上 5% ～ 8% 就差不多了，这样也不会对日常生活造成太大的负担。而储蓄型保险产品费率较高，对于收入不高的人群，依靠工资收入结余下来的资金应该尽可能投入能够"钱生钱"的投资领域中。

保险具有现实的保障作用，孩子处在成长的过程中，难免出现疾病和一些大小意外事故。一旦出现了意外就需要很大的支出，而若有了保险，保险公司便会给予一定的经济补偿。这样，家庭经济负担就会减轻一些。未雨绸缪，提前做准备总是有益无害的。在当前教育经费、医疗费高昂的情势下，买保险成为不少家庭理财兼保障的工具，给儿童买保险不仅有必要，而且还有积极作用，尤其是对普通的工薪家庭而言。

对于儿童保险，我们应该给孩子选择什么险种呢？经济实力一般的家庭，可给孩子选购一些儿童意外险和医疗险，在这些保险都齐全的基础之上，再考虑购买分红教育险。儿童意外险就是专门为孩子设计的意外伤害险种。一般学生入学时就由学校代收保费，被保险人只需缴纳约百元的保费就可以获得包括意外身故、意外残疾、意外伤害医疗及住院医疗在内的多项保障。这是少年儿童投保范围最广、最普遍的一种保险，其最大的特点就是保费便宜且范围广泛，非常适合未成年学生。儿童医疗险是针对少年儿童因患有保险保障内的一些疾病，而提供的住院、治疗、手术等医疗费用的保障。我们应优先参加由政府机构和单位提供的少儿医疗保险，一年 100 多元，比较实用。

若家庭经济实力较强，可以增加一些教育储蓄险。教育储蓄险兼具储蓄、保障功能。通常，可在被保险人达到一定年龄后按期给付一定金

额的教育金，还具有为被保险人提供意外伤害或疾病身故等方面的给付及身故或全残保费豁免的优势。此类保险主要是关注儿童的教育方面，一般都会将保险期延至大学，对于这种长线投资，家长在购买时还是要结合家庭的经济情况。因为这种保险短期内不能提前支取，资金流动性较差，早期退保可能使本金受到损失。我们在选择教育储蓄险时要注意从实际的教育费用需求出发，根据支出需求"量体裁衣"。

理财可以通过多种渠道进行。投资是让钱生钱，让我们的钱变多；保险是保障，减少因意外而产生的支出，减少我们的损失，究竟怎样操作能使收益最大化，需要引导孩子进行分析权衡。

买保险还是去投资？

涛涛的表哥和浩浩的爸爸各有 11 万元存款。涛涛的表哥将 11 万元全部用于投资，收益率 10%；而浩浩的爸爸将 11 万元中的 10 万元用于投资，收益率 10%，剩下的 1 万元购买了保额为 30 万元的重大疾病保险。不幸的是 3 年后两人均因重大疾病住院，治疗费用均为 20 万元。疾病治愈后两人的经济状况如何？

答案：

涛涛的表哥出院后产生了 5.7 万元的债务。而浩浩的爸爸因购买了保险，出院后还有 23 万元可供生活。

解析：

涛涛的表哥将 11 万元全部用于投资，收益率 10%，3 年后的本利和是 14.3 万元，但是却花了 20 万元的治疗费用，康复出院后产生了 5.7 万元的债务。而浩浩的爸爸将 11 万元中的 10 万元用于投资，收益率 10%，剩下的 1 万元购买了保险。浩浩的爸爸 3 年后的本利和是 13 万元，比涛涛的表哥要少 1.3 万元，但是因为浩浩的爸爸买了保险，获得了保险理赔 30 万元，所以虽然花了 20 万元的治疗费用，但是康复出院后还有 23 万元可供生活。

4 谁偷走了我们的钱

"想通过保险来赚钱也是有风险的。例如，储蓄型保险因为合同期限较长，等到收回原先购买保险的钱的时候，钱有可能已经贬值了。"妈妈接着说。

"什么叫贬值？我们收回来的钱不是比原来还多吗？"小小有些不明白。

"要说清楚这个问题，妈妈还是给你讲一个关于鱼的故事吧。"

"好的，好的，妈妈你快说。"一听说有故事可听，小小立刻来了精神。

"这是一个外国人讲的故事，故事的大意是这样的：有三个人住在一座岛上，这里的人们辛勤劳作但生活艰苦，食物的种类极少，他们的餐桌上只有一道菜——鱼。他们徒手捕鱼，效率低下，每人每天只能捕到一条鱼，够一个人吃一天，捕鱼成了小岛经济的全部。"妈妈讲了这个故事发生的背景。

"哦，他们这么辛苦。"小小有些同情。

"后来，有一个人做了一个捕鱼器，一天能捕到很多鱼，这样他一天捕的鱼就够吃好几天的了，从此小岛的经济状况发生了巨大的变化。"

"一个捕鱼器能使小岛发生巨大的变化，太夸张了吧？"小小觉得有些匪夷所思。

"由于提高了捕鱼效率，大家节省了很多时间，"妈妈解释道，"节省的时间人们可以做其他的事情，例如制造铲子、独轮车，铲子可以帮助我们种植庄稼，独轮车帮我们运输货物，还可以将多余的东西进行交换。我们生产的东西越多，可以消费的东西越多，生活就变得越美好。"

"他们还可以有时间玩。"小小好像听明白了。

"是的，他们还会有闲暇娱乐。"妈妈说。

"人们在进行物物交换时，不一定能各取所需，并且到底多少铲子能和一辆独轮车的价值相当呢？也不太容易衡量。所以岛上需要能用来交换任何物品且被所有人接受的交换物，即货币。因为岛上所有的人都吃鱼，对一条鱼的价值是多少，所有人的心里都有数，因此鱼被指定为货币。多余的鱼还可以放到固定的地方储存起来，也就是我们通常说的储蓄。"

"可是钱到底是怎么贬值的，前面讲的好像和这没有什么关系。"

"别着急，我马上就会讲到这里。"妈妈接着说，"小岛已经发展成为更加复杂的社会，因此成立了一个机构来进行管理。岛上的居民每年交一些鱼作为管理费，存放在专门的地方，居民多余的存鱼也存放在这个地方。因为鱼有着难闻的气味且不易携带，因此该机构决定发行纸

币即'鱼邦储备券'，用这种纸币可以换来鱼，也可以购买产品和服务，就像使用真鱼一样，纸币逐渐流行起来。也就是说，一张券代表一条鱼，这样携带及使用都方便。这种券就充当了交易媒介。"

"可是，当发行鱼邦储备券的机构，不是根据库存一条鱼发放一张券，而是随意发放，券就会越发放越多，数量远远超过了现有的存鱼。如果手上有券的人发现没有足够的鱼可以兑换，就都会蜂拥来兑现，储存鱼的地方就没有存鱼了。只有把手中的券更快地兑成鱼，券才有实际价值，手中有券的人都这样想，就会出现挤兑现象。"

"为了避免这种情况出现，该机构又找来了技师，拿着三条看起来很普通的鱼，以及收集了被人扔掉的鱼皮和鱼骨，经过熟练的切割、拼接、粘合，制作出一条新的鱼，看起来像真的一样，这些被重新制作的鱼称为'邦鱼'。"

"可是三条鱼变四条鱼，每条鱼都小很多，储户来取自己的存鱼时难道不会发现吗？"小小提出了自己的疑问。

"他们已经考虑到了，所以，一开始邦鱼不会太小，每10条鱼会用9条真鱼来做，这样做出的鱼只比真鱼小10%，储户一般看不出来。随着时间的推移，岛上捕获的真鱼的增长率远远低于发行鱼邦储备券的增长率，并且捕获的真鱼都要先上交到管理机构进行处理，因此岛民也无法比较真鱼与邦鱼的大小。真鱼与邦鱼的转换率逐渐由9：10变成了4：5，最后变成了1：2。"

"邦鱼越来越小，人们原先一天只需一条真鱼，现在每天至少要吃两条邦鱼，当人们拿券去换鱼时，一张券换的是一条邦鱼，也就是说一天需要用两张券兑换两条邦鱼。券与邦鱼对应而不是与原先的真鱼对应了，所以券贬值了。因此物价都必须相应上涨才能符合券的实际交易媒介所代表的交易价值。于是'通鱼膨胀'就产生了，也就是通货膨胀。"

"哦，我明白了，就是说以前要一张券就能换来的东西，现在要两张券才能换来。就相当于原来存放进去一条鱼换了一张券，现在拿两张券才能换回原先的鱼了。鱼变小了，券贬值了。"小小恍然大悟。

"是的，这就是鱼邦储备券贬值了。"

小小若有所思地点了点头。

知识链接：

通货膨胀

通货膨胀，一般定义为：在信用货币制度下，流通中的货币数量超过经济实际需要而引起的物价水平全面而持续的上涨和货币贬值。也就是说，在一段给定的时间内，给定经济体中的物价水平普遍持续增长，从而造成货币购买力的持续下降。其产生原因是经济体中总供给与总需求的变化导致物价水平的变动。而在货币经济学中，其产生原因为：当市场上货币发行量超过流通中所需要的金属货币量，就会出现纸币贬值，物价上涨，导致购买力下降，这就是通货膨胀。

"贬值就是钱不值钱了，我们收回来的钱即使比原来要多，但是现在我们用这么多的钱也买不到和原来一样多的东西了。以前100元能买到的东西，现在要用更多的钱才能买到，也就意味着我们将要付出更多的金钱，才能维持和原来一样的生活水平。"

"如果过去100元的购买力相当于现在的200元，那么，当我们从银行拿回来的钱少于200元，而是120元时，就相当于把钱存进银行后，虽然产生了利息，钱的数量增加了，但实际上钱少了。"

"购买力是什么意思呢？"小小问。

"购买力是一个经济学概念，等你长大以后，自己去了解。现在我先大致给你解释一下。购买力可以用劳动来理解，比如同样的劳动，过去一天雇佣一个人需要100元而现在需要200元，这就是过去的购买力是现在的2倍。"

"一个人做同样的工作，现在赚的比原先多，不是应该高兴吗？"小小问。

"从表面上看，当人们赚钱的时候，是高兴了，但人们花钱的时候，却是另一回事了。"

"怎么会这样呢？"小小越发弄不明白了。

"妈妈和你说一个真实的事情吧，几十年前也就是在1977年，家住四川成都的汤婆婆在银行里存了400元钱，一忘就是33年。33年后，这400元存款产生了438.18元的利息，扣除中间几年需要征收的利息税2.36元，汤婆婆连本带息仅可取出835.82元。汤婆婆的400元在1977年确实是一笔巨款，足够买一套房子，因为当时全国人均存款只有20元，一个普通工人的月工资是36元，一个大学生一个月的伙食费15元就足够了，

400元相当于一个大学生两年的伙食费。按照当时的物价水平，面粉约0.22元/斤，汤婆婆当年可以用这笔钱买约1818斤面粉。但按现在的物价（面粉约2元/斤）来计算，835.82元只能买400斤左右面粉，而对于现在的房价来说，且不要说买一套房，就是买1平方米都远远不够。"

小小听了这一番话，吃惊地瞪大了眼睛。

随着社会的发展、科技的进步，生产率会逐步提高，通常来说，生产率的提高会促使物价下跌，但是通货膨胀却导致物价上涨。继续增加远远超过实际需求的货币供给，货币购买力大幅下降，从而推动工资和物价都要上涨。虽然在有些年份，由于生产率提高的抵消作用，人们几乎注意不到通货膨胀，但是从长期来看，货币购买力一直在降低，物价一直在上涨。

拓展阅读：

布雷顿森林体系

第二次世界大战以后，美国作为唯一没有被战争摧残的大国，开始为其他国家的战后重建提供资金援助。但是，接受美国资金援助的国家，必须同意加入一个新的国际货币体系——布雷顿森林体系。美国向全世界承诺：美元永远可以用来兑换黄金。而在此之前的金本位制度中黄金是国际货币体系的基础，每个国家的货币都与黄金保持着固定的交换汇率，纸币的价值，代

表着这个国家的央行所储存的实物黄金。在布雷顿森林体系中，美元取代了黄金，成为了国际货币体系的基础。世界各国纷纷把本国货币与美元绑定，保持固定汇率，各国纸币通过与美元的关联，依然以黄金为基础。这种把货币与黄金绑定的体系对普通百姓是有利的，因为他们手中的钱有真正的价值，代表着黄金的价值。

但是在 1971 年 8 月 15 日，布雷顿森林体系成立 27 年后，美国政府宣布不再进行美元和黄金的兑换。由于所有国家都把本国货币与美元绑定，随着美元与黄金的脱钩，世界上所有的货币也同时与黄金脱钩了。这个声明，瞬间切断了全球货币体系与黄金的关联，没有黄金做支撑，纸币仅仅是中央银行的印刷品，只需按下印钞机按钮，中央银行想印多少就印多少，使纸币供给超过了纸币实际需求，因此，纸币的购买力被稀释，所有东西都越来越贵，开始通货膨胀。

通胀是一种粗暴的财富转移。通胀使社会财富转移到富人阶层，因为富人一般是负债投资，使用杠杆，钱生钱速度快。那么，穷人是否也可以使用杠杆呢？不能，因为负债投资是有门槛的，要有一定经济基础和有抵押物。中产阶层可以使用杠杆的地方主要集中在贷款买房，其他方面要想获得银行低息贷款似乎也不太可能。而穷人习惯储蓄，厌恶风险。在通货膨胀过程中，负债者受益，储蓄户受损。

"那这样的话我们为什么还要把钱存到银行？"小小非常不解地问。

"我们把钱存到银行第一是为了方便，我们不可能拿一大笔钱到处跑，把钱存到银行，拿着一张银行卡，需要用钱的时候从 ATM 机上取款或购物时直接划卡就可以了。第二是为了安全，如果把现金全部放家里，那么可能因保管不当而造成损失，也可能遭到抢劫或被盗，而存到银行的话不会因霉烂造成损失，如果遇到银行卡丢失，只要到银行挂失就可以了，所以比较安全。"妈妈看了看小小继续说，"第三是因为通常人们对看病、子女教育、养老问题还有一些顾虑。关于看病，虽然现在有医保，但是只能报销因疾病引起的医疗费用，因意外伤害导致的医疗费用是不能报销的。虽然医保会报销一部分，但报销的数额不会大于支付的总额。所以大多数人认为与其到那时心急如焚去筹钱，还不如现在存着。关于教育，中国家庭比较重视子女的教育，因此习惯于把钱留一点给孩子做教育投资。关于养老，虽然现在人们大多有了养老金，但这些养老金只能维持基本生活费用，为了保证退休生活质量，得攒点钱留着老的时候用。"

"所以有时候我们不得不把钱存到银行，但是没有必要把所有的钱都存到银行，对不对？"小小好像有些明白了。

"我们的小小真聪明，一点就透。"妈妈轻轻摸了摸小小的头说，"所以我们投资了股票，还买了一些保险。"

理财考虑更多的是规避风险，然后才是收益。我们可以将三分之一的钱流通和急用，三分之一的钱做长期的低风险投资，如国债、分红型保险；三分之一的钱做短期的风险投资，例如股票、期货，这样可以分散风险。具体的比例可以根据自身风险承受能力的不同进行选择及对收

益的期望值变动来进行调整。风险承受能力强的，可以适当加大股票、基金等风险类产品的配置，但配置比例建议不超过家庭可支配资产的70%；风险承受能力较低的家庭则可购置一些风险低、收益高的银行理财产品，或者偏债型的平衡基金。

在经济高速增长时期，钱存在银行里产生利息的速度往往赶不上物价上涨的速度。劳动力成本的上升，资源的价格重估等因素都预示着物价仍会提高，这个过程是正常的，随着经济的发展，人们的收入和物价水平都会有提高。一个经济高速增长的社会，财富的重新分配是一个明显的过程，所以如何规划自己的财富显得特别重要。

当我们意识到人们收入提高是财富再分配的过程时，财商的观念就已经产生了。

换一个角度思考问题，利用兑换差异从中赚钱，可以启迪孩子的思维，帮助孩子发现生活中赚钱的机会，吸取一些理财思想，让孩子在今后的理财道路上更顺利。

兑 换 差 异

瑶瑶和妈妈有甲商场发行的 100 元代金券（即 10 张 10 元代金券），打算到甲商场去看看，买一些需要的物品。在甲商场旁边还有一个乙商场，这两个连锁商场，代金券可以通用，也就是说甲商场发行的 100 元代金券可以换成乙商场发行的 100 元代金券，在乙商场买到 100 元的商品。乙商场发行的 100 元代金券也同样可以换成甲商场发行的 100 元代金券，在甲商场买到 100 元的商品。后来由于竞争加剧，虽然代金券在甲商场、乙商场之间仍然可以使用，但是甲商场、乙商场都要进行业绩考核，所以甲商场出台一则新规：乙商场发行的 100 元代金券

只能兑换成甲商场发行的 90 元代金券，在甲商场买到 90 元的商品。乙商场也出台一则新规，甲商场发行的 100 元代金券也只能兑换成乙商场发行的 90 元代金券，在乙商场买到 90 元的商品。瑶瑶和妈妈能否利用这两个商场的兑换差异赚取利益呢？

答案：

消费者能利用这两个商场的兑换差异赚取利益。

解析：

瑶瑶和妈妈可以用甲商场发行的 100 元代金券在甲商场购买 10 元的商品。剩下的代金券要求兑换成乙商场的代金券，因为在甲商场购物，甲商场发行的 90 元代金券等于乙商场发行的 100 元代金券，所以就兑换成 100 元乙商场的代金券。于是她用这 100 元的代金券到乙商场购买 10 元的商品，剩下的代金券再次要求兑换成甲商场的代金券，因为在乙商场购物，乙商场发行的 90 元代金券等于甲商场发行的 100 元代金券，所以又兑换成 100 元甲商场的代金券。如此往复，自然就可以大赚一笔了。

结 语
CONCLUSION

　　父母对孩子进行财商教育，宜早不宜迟。不要避讳在孩子面前谈钱的问题。只有家长正视这个问题，自己有合理的理财观念，才能给孩子营造良好的理财氛围。对孩子进行财商培养，使孩子在家庭环境的影响和经济条件的支撑下，掌握驾驭金钱的能力，培养兴趣爱好，获取更多快乐；使孩子建立正确的风险意识，要能抗诱惑、会消费、善理财、控风险。我们的家庭教育就必须承担起这个责任。

　　财商的培养绝非一蹴而就，要进行阶段性的统筹和安排，循序渐进。对待小学阶段的孩子，家长应该帮助孩子掌握一些理财的最基本知识，如消费、储蓄等，并适当进行尝试。给孩子一些零花钱，鼓励他去购物付款，使孩子了解金钱的实际价值，又可锻炼其胆量。带孩子到银行开户，把省下来的零用钱、压岁钱存入专门的账户，还要将银行储蓄的方法、种类、利率、计算利息等知识逐渐地教授给孩子，允许孩子管理自己的账户存款。孩子看到自己账户上的金额越积越多，就会逐渐养成不乱花钱的习惯。不要过分控制孩子的支出，要让他学会合理消费，培养孩子良好的消费习惯，使其懂得在购物消费时进行价格比较。家长可以帮助

孩子进一步尝试买股票、保险，了解相关知识，使其对投资和收益产生感性认识。

父母对子女的理财教育，并非只是刻意的教导，言传之外更要注重身教，孩子的理财意识和理财风格通常在示范性教育的潜移默化中形成，这使得孩子在成年后迅速适应商品社会，获得提升财富的能力。家长对于孩子理财能力的教育包括简单的数学运算、个人理财战略和策略的设计，在这些方面给孩子适当的教导和指引。注重提升孩子的财商，而非家庭财产的传承，让孩子掌握以钱赚钱的本领。